普通高等教育一流本科专业建设成果教材

化学工业出版社"十四五"普通高等教育本科规划教材

环境生态学与环境生物学实验

曾文炉　马维琦　陈翠红　主编

Experiments in Environmental Ecology and Environmental Biology

U0194416

化学工业出版社

·北京·

内容简介

《环境生态学与环境生物学实验》主要为高等院校环境生态学与环境生物学实验课程而编写。全书共36个实验，涵盖环境生物学、生态毒理学、环境毒理学、污染生态学、环境微生物、生物净化、生物监测、个体生态学、种群生态学、群落生态学、生态系统生态学等相关实验及操作。

本教材内容丰富、新颖，理论和实操性兼备，既可作为环境生态学、环境生物学、地理科学以及农林科学相关专业本科生、研究生的实验教材，也可供生物科学、环境保护、自然保护区管理等相关领域、学科的科技人员和生产实践人员参考使用。

图书在版编目（CIP）数据

环境生态学与环境生物学实验/曾文炉，马维琦，陈翠红主编. —北京：化学工业出版社，2022.8
普通高等教育一流本科专业建设成果教材 化学工业出版社"十四五"普通高等教育本科规划教材
ISBN 978-7-122-41776-3

Ⅰ.①环… Ⅱ.①曾…②马…③陈… Ⅲ.①环境生态学-实验-高等学校-教材②环境生物学-实验-高等学校-教材 Ⅳ.①X171-33②X17-33

中国版本图书馆 CIP 数据核字（2022）第 111810 号

责任编辑：满悦芝　　　　　　　　　　　文字编辑：王　琪
责任校对：田睿涵　　　　　　　　　　　装帧设计：张　辉

出版发行：化学工业出版社（北京市东城区青年湖南街 13 号　邮政编码 100011）
印　　装：三河市延风印装有限公司
787mm×1092mm　1/16　印张 12¼　字数 300 千字　2022 年 10 月北京第 1 版第 1 次印刷

购书咨询：010-64518888　　　　　　　　售后服务：010-64518899
网　　址：http://www.cip.com.cn
凡购买本书，如有缺损质量问题，本社销售中心负责调换。

定　　价：45.00 元

编写人员名单

主　编：曾文炉　马维琦　陈翠红

参　编：李洪远　朱　琳　欧阳少虎　张清敏

　　　　唐景春　李　尧　刘庆余　陈叙龙

　　　　陈天乙　程　杨　李晓彤　赖江山

序

    1972 年，联合国召开了第一次人类环境会议，并于 1973 年 1 月 1 日发布了《人类环境宣言》；1973 年 8 月，周恩来总理主持召开了我国第一次全国环境保护会议，这代表着环境保护事业在世界和中国的萌芽。面对环境保护事业的发展，环境保护科学研究及管理人才的培养也迫在眉睫。在这种背景下，南开大学于 1973 年成立了环境保护教研室，1983 年又成立了我国综合性高校中首个环境科学系。2001 年，南开大学环境科学位列我国首批 4 个环境科学国家重点学科之一，并于 2019 年成为首批国家级一流本科专业建设点。近五十年的发展历程中，南开大学环境学科一直注重教材建设，为我国高等学校环境学科人才培养做出了贡献。

    环境学科是应对解决国家经济社会发展过程中产生的环境污染问题及保障生态系统安全与人体健康需求的学科，也是实验性和应用性极强的综合交叉学科。实验技能的提高在环境学科人才培养中占据重要位置。实验教学可以帮助学生深入认识理论问题、掌握解决环境问题的技术。环境学科发展迅速，随着环境问题的涌现与解决，其理论内涵与外延均迅速发展，目前的实验教材已无法完全满足一流人才培养和一流专业建设的需求。因此，我们在目前使用的实验讲义基础上，总结梳理环境科学国家级一流专业建设成果，组织编写了"高等学校环境科学专业实验课程新形态系列教材"，旨在分享南开大学环境学科在实验教学方面的经验，为建设一流本科专业提供重要支撑。

    本次出版的"高等学校环境科学专业实验课程新形态系列教材"主要包括《环境化学实验》《环境监测与仪器分析实验》《环境工程微生物学实验》和《环境生态学与环境生物学实验》四个分册，涵盖了环境化学、环境监测、环境微生物、生态学、环境生物学和仪器分析等专业方向，基本覆盖了环境科学学科的主干课程。本系列教材以提高学生科学素养和实验技能为目标，并将一些学科前沿研究的新方法和新成果引入本科生的实验教学中，既充分考虑各门课程教学大纲的基础知识点，又体现出南开大学与时俱进、教研相长的学科特色。另外，本系列教材应用全新传媒技术，使广大学生通过手机终端即可扫码完成原理的自学以及操作流程的预习，身临其境地了解实验过程，或直接观看各实验的关键操作流程。本系列教材适用于高等学校环境科学相关专业的本科生教育，也可用于大中专院校及科研院所青年人才的继续教育，力求为缺少实验办学条件的单位提供帮助。

    由于编者水平有限，且本系列教材首次采用了新媒体模式，参加编写的人员较多，书中若有疏漏和不当之处，恳请各位读者批评指正。

孙红文
于南开园
2022 年 6 月

前　言

　　环境生态学和环境生物学均属于环境科学的分支，借由研究生物（个体、种群、群落）及其与周围环境之间相互作用的规律及其机理，探明其定性或定量关系，监测与评价环境变化对生物活动的影响，从而为更好地开发和利用自然资源、保护和改善环境、构建和谐文明的人类生态家园服务。

　　在过去的几十年里，随着学科的发展与进步，环境生态学和环境生物学的学科内涵不断得以拓展；与此同时，日益频发的环境问题所引起的生态风险和公众健康问题，也对环境生态和环境生物学科的实验技术提出了更高的要求。基于此，我们在过去长期进行环境生态学和环境生物学实验教学的基础上，结合全新的科研实践，一方面在教材内容上兼顾经典与创新性实验的融合，另一方面利用信息化时代的便利，在教材中补充了若干关键实验的操作和设备（软件）使用方法的演示视频，旨在开拓学生的科学视野、提升其实践技能和学习质量，更好地迎接新时代环境生态学和环境生物学实验教学面临的新挑战。

　　本书是南开大学环境科学国家级一流专业建设成果教材，共包括 36 个实验，涵盖环境生物学、生态毒理学、环境毒理学、污染生态学、环境微生物、生物净化、生物监测、种群动态、生物群落等多个方面。此外，对利用计算机软件进行环境生态学实验方面也有较为全面的介绍。

　　本教材在编写过程中参考的国内外文献已在书中注明，在此特向相关作者致以诚挚的谢意。同时，我们还要对关心、指导和帮助过本书编写工作的领导及老师们表示真诚的谢意！视频录制过程中，得到了贺明明、李璐旋、吴康迎三位研究生的大力帮助，在此也表示诚挚的谢意。

　　由于编者的学识所限，加之时间仓促，书中不足之处在所难免，敬请广大读者指正。

编者

2022 年 7 月

目　录

实验一　污染物对种子发芽的影响 ………………………………………………………… 1

实验二　蚕豆根尖微核实验 ………………………………………………………………… 4

实验三　藻类急性毒性实验 ………………………………………………………………… 8

实验四　污染物对植物气孔的影响与观察 ………………………………………………… 15

实验五　污染物对鲫鱼脑乙酰胆碱酯酶的影响 ………………………………………… 19

实验六　淡水水体中浮游生物的采集与观察 ……………………………………………… 22

实验七　发光光度法测定环境污染物的生物毒性 ……………………………………… 27

实验八　污染物对斑马鱼胚胎发育的影响 ……………………………………………… 31

实验九　重金属离子对植物体内抗氧化酶活性的影响 ………………………………… 37

实验十　蚯蚓急性毒性试验 ……………………………………………………………… 42

实验十一　BCA 法测定蛋白质含量 ……………………………………………………… 46

实验十二　斑马鱼的苯酚急性毒性及半致死浓度测定 ………………………………… 49

实验十三　镉在植物体内的富集与含量测定 ……………………………………………… 53

实验十四　镉污染对小麦幼苗光合特性的影响 ………………………………………… 56

实验十五　污染物协同或拮抗作用的实验设计与评价 ………………………………… 60

实验十六　镉污染对植物组织丙二醛含量的影响 ……………………………………… 63

实验十七　镉污染对植物组织还原型谷胱甘肽含量的影响 …………………………… 65

实验十八　重金属铅低积累作物品种的筛选 …………………………………………… 68

实验十九　种群在有限环境中的 Logistic 增长 ………………………………………… 71

实验二十　温度对鱼类呼吸的影响 ……………………………………………………… 76

实验二十一　水体初级生产力的测定 …………………………………………………… 78

实验二十二　次级生产力的测定 ………………………………………………………… 82

实验二十三　植物群落物种多样性指数的测定 ………………………………………… 89

实验二十四　植物群落的种-面积曲线 …………………………………………………… 95

实验二十五　生态瓶的设计与制作及稳定性分析 ……………………………………… 101

实验二十六　生物炭对土壤微生物群落组成及多样性的影响 ………………………… 105

实验二十七　微塑料对蚯蚓生长和繁殖的影响 ………………………………………… 114

实验二十八　氧化石墨烯对小球藻活性氧含量和细胞膜通透性的影响 ………… 127

实验二十九　人工湿地修复农业面源污染的虚拟仿真 ………………………………… 132

实验三十　种群捕食关系的系统动力学模拟 ……………………………………………… 144

实验三十一　模拟具有年龄结构的种群增长 …………………………………………… 148

实验三十二　水土流失的计算机模拟 ……………………………………………………… 153

实验三十三　生态位宽度与生态位重叠的测定与计算 ………………………………… 157

实验三十四　植物群落的排序 ………………………………………………………………… 177

实验三十五　生命表及生殖力表的编制 ………………………………………………… 182

实验三十六　果蝇发育与温度的定量关系 ……………………………………………… 185

二维码目录

二维码 2-1	蚕豆催芽、处理及制片	6
二维码 3-1	藻类培养及其生物量测定	11
二维码 4-1	小麦气孔数目及密度测定	17
二维码 4-2	小麦气孔开闭观测	18
二维码 6-1	浮游生物采集	24
二维码 6-2	浮游生物测量、计数与观察	25
二维码 7-1	发光菌冻干菌剂复苏	28
二维码 7-2	发光菌菌种培养	29
二维码 7-3	生物发光光度法测定污染物	29
二维码 8-1	斑马鱼驯养、鱼卵收集与选择、染毒及观察	33
二维码 12-1	斑马鱼苯酚急性毒性实验操作	52
二维码 13-1	样品前处理	55
二维码 19-1	种群在有限环境中的 Logistic 增长	73
二维码 22-1	次级生产力实验	86
二维码 28-1	小球藻染毒暴露	129
二维码 28-2	小球藻细胞计数	129
二维码 28-3	荧光染料染色	129
二维码 28-4	酶标仪荧光检测	129
二维码 30-1	种群捕食关系的系统动力学模拟实验	147
二维码 31-1	具有年龄结构的种群增长模拟实验	151

实验一
污染物对种子发芽的影响

1.1 实验目的

（1）要求掌握和了解小麦种子生根、发芽，及其根长、芽长伸长趋势，并用发芽率和发芽势进行毒性实验的测定方法，以及污染物对小麦抑制率、发芽势和发芽率的影响；

（2）通过小麦种子发芽毒性实验，监测和评价污染物的生态毒性和危害。

1.2 实验原理

植物是生态系统的基本组成部分，在污染胁迫下其生长状况可反映生态系统的健康水平，因此植物污染生态毒理实验成为测试污染物生态毒性的典型方法。

种子的萌发、生根过程，既是一个相当活跃的植物胚胎生长发育过程，又是一个种子的生理生化变化过程。种子的萌发与生根对植物具有非常重要的意义。种子在适宜的条件（水分、温度、湿度、光照等）下，会吸水膨胀萌发，有多种酶会参与到这一过程中，在这些酶的催化作用下，会发生一系列的生理、生化反应，而当种子暴露于污染物或有害环境时，一些酶的活性会受到抑制，从而使种子萌发受到影响，表现为发芽率低、根长短。种子发芽和根伸长毒性实验就是根据这一特点，将种子放在含一定浓度受试物的基质中，使其萌发，并测定种子的发芽率、发芽势以及芽生长和根伸长的抑制率。最终评价受试物对植物胚胎发育的影响，从而可以预测和评价环境污染物对植物的潜在毒性和生物有效性。

1.3 实验器材

1.3.1 实验仪器

人工气候箱、玻璃培养皿（90mm）、移液枪、枪头、移液枪架、定性滤纸、镊子、封口膜、记号笔、白瓷盘、直尺。

1.3.2 实验材料

选择发育正常、无霉、无蛀、完整而没有任何损坏的小麦种子或者其他种子，要同一年份或季节中的同一批种子，品种不限，但是，要求所取样品具有代表性。供试植物种子含水率应低于10%，在5℃条件下保存。

1.3.3 实验试剂

污染物：$Cd(NO_3)_2$，以 Cd^{2+} 浓度计算。

1.4 实验步骤

1.4.1 仪器与材料准备

（1）人工气候箱调节。温度：(25 ± 1)℃；湿度：$60\%\sim80\%$；光照：光周期为 12h/12h 进行明暗交替，光强度 4000lx。

（2）培养皿用洗液或洗衣粉刷洗干净，除去表面污物，然后用自来水冲洗干净，晾干，进行高温灭菌，待冷却后，在皿盖侧面注明浓度、序号、使用人、实验日期等信息。

（3）挑选大小均匀、籽粒饱满的小麦种子，用 2% 的 H_2O_2 消毒 30min，然后用蒸馏水冲洗 3 次以去除残留的 H_2O_2，备用。

1.4.2 预备实验

即污染物浓度范围选择试验，为正式试验决定供试溶液的浓度范围。

将小麦种子置于一系列浓度的受试污染物中，小麦种子数至少为 10 粒。若污染物最高浓度处理的种子发芽抑制率或根长下降率低于 50%；或污染物最低浓度处理的种子发芽抑制率或根长下降率大于 50%，并且种子发芽率达到 65%，如 0.01mg/L、0.1mg/L、1.0mg/L、10mg/L、100mg/L 和 1000mg/L。其最低浓度应同分析方法的检测限。水溶性受试物的上限浓度应为饱和浓度。

配制污染物梯度浓度的 $Cd(NO_3)_2$ 溶液。至少应有六个按几何级数设置的不同处理浓度，其处理浓度比率在 1.5~2.0，如 2mg/L、4mg/L、6mg/L、8mg/L、16mg/L、32mg/L 和 64mg/L。在使用每种浓度试液设 2 个平行试验，以去离子水为对照组。

1.4.3 正式实验

（1）在培养皿（直径 90mm）内放入等径滤纸两张做发芽床。发芽床的湿润程度对发芽有着很大影响，水分过多妨碍空气进入种子，水分不足会使发芽床变干，这两种情况都有可能影响发芽过程，使实验结果不准确。在发芽床上加入 10mL 试液，加入时避免滤纸下面产生气泡。然后用镊子将种子腹沟（种子腹面凹陷处为腹沟）朝下，整齐地排列在发芽床上，粒与粒之间的距离要均匀（种子相互间隔 1cm 或者更大距离）避免相互接触，以防发霉种子感染健康种子，每个发芽床上都摆放着 15 粒小麦种子，用封口膜将培养皿密封，置于 25℃ 人工气候箱中或者适宜的常温下室内进行培养。为了保证种子发芽条件的适宜，在发芽期需要每天观察发芽情况及发芽床的湿润情况。

（2）发芽势与发芽率的测定。不同的植物种子有所不同，通常每日观察，分三期进行测定统计，第一期，实验进行第 2 天观察计数小麦种子的主根长（即从胚轴和根之间的转换点到根尖末端）及芽长，计算抑制率；第二期，实验进行第 3 天观察计数种子的发芽势；第三期，实验进行第 7 天观察计数种子的发芽率。

（3）种子发芽后应具备的特征是：小麦等禾谷类作物，在正常发育的幼根中，主根的长

2

度≥种子的长度，并且幼芽长度≥种子长度的 1/2 时，说明该种子具有发芽能力，以此标准进行观察、计数。对于不正常的和感染发霉的种子一定要及时清除。在第 7 天时用毫米刻度直尺测量幼苗的芽长和根长。

（4）计算

$$\text{芽长抑制率}(\%) = \left(1 - \frac{\text{规定天数内浓度组的芽长}}{\text{对照组的芽长}}\right) \times 100\% \tag{1-1}$$

$$\text{根长抑制率}(\%) = \left(1 - \frac{\text{规定天数内浓度组的根长}}{\text{对照组的根长}}\right) \times 100\% \tag{1-2}$$

$$\text{种子发芽势}(\%) = \frac{\text{规定天数内已发芽的种子粒数}}{\text{供作发芽的种子总粒数}} \times 100\% \tag{1-3}$$

$$\text{种子发芽率}(\%) = \frac{\text{全部发芽的种子粒数}}{\text{供作发芽的种子总粒数}} \times 100\% \tag{1-4}$$

1.5　结果与讨论

（1）结果报告，内容包括种子名称、来源、每种浓度处理的种子数、培养条件、污染物的每种浓度处理组和对照组的发芽率和发芽势的平均值。

（2）计算浓度组及对照组的芽长、根长抑制率、发芽势和发芽率，通过对实验结果的分析与讨论，评价污染物的生态毒性。

（3）本实验结果说明了什么问题？是否还需要进一步做实验进行证实？

（4）影响小麦发芽的主要因素是什么？试从植物种子发芽生理角度做分析。

（5）如何用根长变化表征污染物影响？

参考文献

[1]　王玉玲，欧行奇，朱启迪，等.小麦种子萌发对盐胁迫的生物学响应.河南科技学院学报（自然科学版），2017，45（4）：1-8，25.

[2]　张珂，高楠，张凌基，等.镉对不同品种小麦种子萌发及幼苗生长的影响.轻工学报，2022，37（1）：118-126.

[3]　张清敏，李洪远，王兰.环境生物学实验技术.北京：化学工业出版社，2005.

[4]　李亚宁，李国东.环境化学与生物监测实验技术.天津：南开大学出版社，2013.

实验二
蚕豆根尖微核实验

2.1 实验目的

（1）掌握微核实验技术，并在显微镜下对细胞有丝分裂相的不同时期进行观察和区分；
（2）了解环境污染物对生物遗传物质的影响，并掌握蚕豆根尖微核法监测环境污染的具体方法；
（3）采用微核监测技术预测和评价环境污染物对生物的潜在危害。

2.2 实验原理

生物细胞中的染色体在复制过程中常会发生一些断裂，在正常情况下，这些断裂绝大多数能自己修复。如果生物细胞在早期的减数分裂过程中受到辐射或环境中其他诱变因子的作用，细胞染色体 DNA 受到损伤，染色体断裂形成断片，由于缺少了着丝点而不能随纺锤丝移动到细胞两极而游离在细胞质中。当新细胞形成时，这些断片就形成了大小不等、与主核颜色一致的圆形或椭圆形结构，游离于主核之外，大小应为主核的 1/20～1/3，成为微核（图 2-1）。

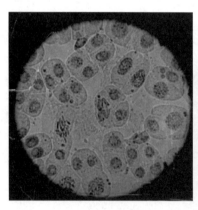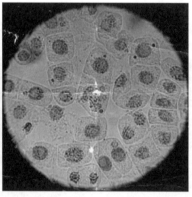

图 2-1 蚕豆根尖细胞微核

微核是生物细胞染色体畸变类型之一。微核率和个体分布可反映外界环境因素损伤染色体的强度。采用微核监测技术可以预测和评价环境污染物对生物的潜在危害。

植物微核实验材料一般选用蚕豆和紫露草两种。由于蚕豆的染色体为六对相当大的染色体，而且根尖含有较多的分裂相细胞，非常适合显微观察。目前，蚕豆根尖微核技术在环境致突变性检测/监测方面已经形成了一套完整的体系。它的可靠性很高，对诱变剂反应敏感，且本底较低，这对于致突变性检测方法是十分重要的。所以常选用蚕豆根尖细胞为实验材料。

2.3 实验器材

2.3.1 实验仪器

人工气候箱、显微镜、恒温水浴锅、冰箱、培养盒、手持计数器、温度计、镊子、刀片、载玻片、盖玻片、解剖针、棕色试剂瓶、试管、试管架、小玻璃瓶、吸水纸、镜头纸、尼龙纱、纱布、白瓷盘、洗瓶、50mL 烧杯。

2.3.2 实验材料

松滋青皮蚕豆。松滋青皮蚕豆是从蚕豆不同品种中筛选出的较为敏感的品种。为保证其发芽率，应存于干燥器内，或用牛皮纸装好放入 4℃ 冰箱内保存备用（保存时注意不要与其他药品接触，以保持其较低的本底微核值）。

2.3.3 实验试剂

（1）污染物：$Cd(NO_3)_2$ 25mg/L、50mg/L。以 Cd^{2+} 浓度计算。

（2）其他药品：Carnoy 固定液、Schiff 试剂、醋酸洋红、碱性品红、冰醋酸、盐酸、乙醇、偏重亚硫酸钠。

（3）试剂配制

① Schiff 试剂的配制。称取碱性品红 1.0g，加蒸馏水 200mL，置于三角瓶中煮沸 5min，并不断搅拌使之溶解。冷却至 60℃ 左右，过滤于深棕色试剂瓶中，待冷却至 25℃ 时再加入 20mL 浓度为 1mol/L 的 HCl 和 2g 偏重亚硫酸钠（$Na_2S_2O_5$）充分振荡使其溶解，盖紧瓶口，用黑纸包好，置于暗处存放至少 24h，检查染色液为无色即可使用。此染色液在 4℃ 冰箱可保存 6 个月左右，若出现沉淀就不可以再用。

② Carnoy 固定液的配制。乙醇：冰醋酸＝3：1。

③ 保存液：70% 乙醇。

2.4 实验步骤

2.4.1 蚕豆浸种、催芽和处理

（1）浸种。将发育正常、无损伤的蚕豆种子放入盛有蒸馏水的盘中，置于 25℃ 人工气候箱中浸泡 24h 左右，待种子完全吸收膨胀，种子初生根露出 2～3mm。在此期间至少换水两次，换用的水最好事先置于 25℃ 预温。也可以将盘放入温度已调为 25℃ 的人工气候箱中（如果室温超过 25℃，即可在室温下进行浸种催芽）。

（2）催芽。待种子吸收膨胀后，挑选发育良好的种子，置于培养盒中或放在有煮过纱布的白瓷盘中，并用湿的纱布包裹保持湿度，在 25℃ 的人工气候箱中催芽 24～48h，待种子初生根露出至 2cm 左右，即可进行下一步实验。

（3）染毒。选取根毛发育良好的蚕豆，将幼根插入盛有 $Cd(NO_3)_2$ 溶液（25mg/L、50mg/L）的培养盒中或覆有尼龙纱的网孔中处理根尖，使幼根完全浸入处理溶液，静置 4～6h，用蒸馏水处理做对照。

（4）修复。将染毒后的幼根，用蒸馏水冲洗 3 次，每次 2～3min，洗净后的幼根，放在

盛有蒸馏水的培养盒或白瓷盘中修复培养 22～24h。对照组仅用蒸馏水处理。

（5）固定。将修复好的幼根，自根尖顶端切下 1cm 长放入盛有 Carnoy 固定液的小瓶中，固定 12h。固定后若不马上实验可将幼根取出转入盛有保存液的小瓶中，置于 4℃冰箱内保存待用。

（6）染色。镜检前，取出幼根用蒸馏水冲洗三次，每次 2～3min，洗净后的幼根放入盛有 5mL 的 1mol/L 盐酸试管中，60℃水浴水解 6～8min（幼根软化即可），弃去盐酸，用蒸馏水冲洗三次，放置在吸水纸上，吸取幼根表面水分。再放入盛有 Schiff 试剂的小瓶中，在避光条件下染色 1h。

2.4.2　制片

将幼根放在擦净的载玻片上，用刀片轻轻切下 1mm 左右（根冠，在根的顶端，细胞比较大，排列不够整齐）的根尖舍去，再切约 1mm（分生区，也叫生长点，具有强烈分裂能力、细胞个体小、排列紧密、细胞壁薄、细胞核较大）且横切面向上，加 1 滴醋酸洋红进行复染。盖上盖玻片，用平整的铅笔横截面轻轻敲打，并轻轻向四周碾压盖玻片，使细胞分散开来。再用吸水纸吸去盖玻片四周多余的染色液，而后镜检。注意：复染时间控制在 2～3min，否则染色太深，微核不易辨别。

2.4.3　镜检

将制片先置于显微镜的低倍镜头下观察，找到分生组织区细胞分散均匀、背景清晰且分裂相较多的部位，而后转换到高倍镜（物镜 40×）下进行观察，镜检顺序如图 2-2 所示。

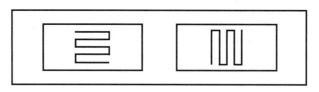

图 2-2　镜检顺序

每一处理组至少观察 3 张片子（对照 1 张，两个浓度各 1 张）。每片至少镜检 20 个视野，每个视野计数 50 个分生组织细胞。在分生组织细胞中观察微核。

二维码2-1　蚕豆
催芽、处理及制片

通常每一个处理组至少观察 5 张较好的片子，每张片子至少能观察到 1000 个以上的细胞。每 1000 个细胞出现的微核数称为微核千分率（简称微核率），每 1000 个细胞中出现微核的细胞数称为微核细胞千分率。

微核的标准如下：

（1）微核为主核的 1/3 以下，且与主核分离。

（2）主核的核膜是完整的，微核和主核的颜色一致（转动显微镜的微调，观察微核颜色是否与主核一致，注意区分细胞质中的颗粒物与染料的残渣）。

（3）微核形态可为圆形、椭圆形和不规则形。

2.5　结果与讨论

（1）观察细胞数和微核出现率，以手持计数器进行计数，将每片镜检结果记录于表 2-1 中，然后进行计算。

表 2-1　蚕豆根尖微核记录表

处理	制片编号	正常细胞数	产生微核细胞数	细胞总数	微核数	微核率/‰	微核细胞率/‰
对照	1						
污染物浓度(25mg/L)	2						
污染物浓度(50mg/L)	3						

计算公式如下：

$$微核率(‰)=\frac{微核数}{观察计数细胞总数}\times1000‰ \tag{2-1}$$

$$微核细胞率(‰)=\frac{微核细胞数}{观察计数细胞总数}\times1000‰ \tag{2-2}$$

（2）污染指数判断

微核千分率（MCN‰）的计算：

$$MCN‰=\frac{样品(或对照)观察到的 MCN 数}{样品(或对照)观察到的细胞数}\times1000‰$$

污染指数（PI）判断如下：

$$污染指数(PI)=\frac{样品实测 MCN‰平均值}{对照组 MCN‰平均值}$$

采用污染指数（PI）值来划分受污染程度，此方法可避免因实验条件等因素带来的 MCN‰本底的波动，标准见表 2-2，数值在上、下限时，定为上一级污染。

表 2-2　污染指数值评价水质标准

污染指数值	水质污染等级	污染指数值	水质污染等级
0<PI≤1.5	基本无污染	2.0<PI≤3.5	中度污染
1.5<PI≤2.0	轻度污染	3.5<PI	重污染

（3）微核千分率与微核细胞千分率有何区别？在什么情况下这两个指标数值相等？

（4）产生微核的实质是什么？在应用微核产生率评价环境污染物对环境生态系统影响时，应该注意什么？

（5）试分析不同 $Cd(NO_3)_2$ 溶液浓度对蚕豆根尖产生微核的变化，污染物浓度与微核千分率之间有无剂量-效应关系。

参考文献

［1］国家环境保护局.环境监测技术规范（第 4 册，生物监测，水环境部分).北京：中国环境科学出版社，1986.

［2］张志良，瞿伟菁.植物生理学实验指导.北京：高等教育出版社，2003.

［3］孔志明.环境毒理学.第 4 版.南京：南京大学出版社，2008.

［4］吴丽娜，孙增荣，吕严.五种重金属的蚕豆根尖微核试验及污染评价.环境与健康杂志，2009，26（7）：618-620.

实验三
藻类急性毒性实验

3.1 实验目的

(1) 了解藻类生长的基本条件，并掌握其形态特征；

(2) 学会使用直线内插法求出半数效应浓度 EC_{50}；

(3) 通过实验，了解并掌握藻类急性中毒实验的基本技术和实验方法；

(4) 通过藻类毒性实验，掌握水体中有害物质对水生生态系统影响的评价方法。

3.2 实验原理

近年来我国淡水资源系逐渐减少，并且水污染问题仍然不容忽视。工业废水的超标排放以及部分生活污水未经处理即排放，致使我国江河、湖泊受到污染威胁。

水污染指示生物，是指对环境质量的变化反应敏感而被用于评价水体污染状况的水生生物，如浮游植物、浮游动物、水生微生物、大型无脊椎动物等。其中浮游植物又称浮游藻类，指在水体中营浮游生活等小型植物，是水生态系统的重要组成部分。藻类能通过在种类、数量以及形态结构等方面的变化，对水质的改变做出较大的反应。正是由于藻类具有这种典型敏感性，而且藻类是最简单的光合营养有机体，种类繁多，分布广泛，是水生生态系统的初级生产者。藻类生长因子包括光照、二氧化碳、适宜的温度、pH，以及氮、磷、微量元素等其他营养成分，这些因子的变化会刺激或抑制藻类的生长。在一定环境条件下，如果某种有毒有害化学物质及其复合污染物进入水体之后，藻类的生命活动就会受到影响，生物量就会发生变化。所以通过测定藻类的数量和叶绿素 a 等生物量的变化，就可以评价有毒有害污染物对藻类生长的影响以及对整个生态系统的综合环境效应。

3.3 实验器材

3.3.1 实验仪器

显微镜、分光光度计、离心机、电子天平、人工气候箱、高压灭菌器、pH 计、真空抽滤装置、烘箱、血球计数板、盖玻片（24×24）、1cm 比色皿、250mL 三角瓶、封口膜、50mL 烧杯、滴管、移液枪、10mL 量筒、离心管、试管架、研磨器、试剂瓶、容量瓶、记号笔、计数器、擦镜纸、吸水纸、纱布、洗瓶。

8

3.3.2 藻种

普通小球藻（*Chlorella vulgaris*）、蛋白核小球藻（*Chlorella pyrencidosa*）、羊角月牙藻（*Selenastrum capricornutum*）、铜绿微囊藻（*Microcystis aeruginosa*）、水华鱼腥藻（*Anabaena flos-apuae*）、小环藻（*Cyclotella* sp.）、菱形藻（*Nitzschia* sp.）斜生栅藻（*Scenedesmus obliqnus*）等均可作为试验藻种。

3.3.3 实验试剂

（1）药品：藻类急性毒性试验可选用 $CdSO_4$、K_2CrO_7、$HgCl_2$、NaN_3、$CuSO_4$、有机溶剂等作为污染物，也可选用工业废水等。

（2）试剂：BG-11 培养基（适合蓝藻、绿藻）、"水生硅 1"和"水生硅 2"培养液（适合硅藻）。

3.4 实验步骤

3.4.1 预备试验

（1）藻种预培养

将所选用的试验藻种移种至盛有培养基的三角瓶中，在试验所设置温度和光照强度的人工气候箱中培养，隔 96h 移种 1 次，反复 2～3 次，使藻种生长达到同步生长阶段，以此作为试验藻种。每次移种均需进行显微镜观察，检查藻生长情况和是否保持纯种。

（2）预备试验

预备试验的目的在于探明污染物对藻生长影响的半数效应浓度（Concentration for 50% of Maximal Effect，EC_{50}）。EC_{50} 是指能引起 50% 最大效应的浓度。EC_{50} 是药物安全性指标。其含义是：引起 50% 个体有效的药物浓度。探明 EC_{50} 为正式实验打下基础，其处理浓度的间距可大一些，以便找到 EC_{50} 所在的浓度范围。

预备试验的方法与培养条件与正式实验要保持一致。

3.4.2 正式实验

（1）培养容器及其清洗

一般要求质量较好的硼硅酸玻璃容器，如果是研究痕量元素的影响，则应选用特殊的硬质玻璃容器。在同一批实验中，应自始至终使用一种类型的玻璃容器，以便比较实验结果。通常选用三角瓶作为培养容器，瓶口覆盖封口膜。

（2）实验浓度的选择

根据预备试验的结果，按等对数间距取 5～7 个污染物浓度，其中必须包括一个能引起试验藻种生长率下降约 50% 的浓度，并在此浓度上下至少各设 2 个浓度，另设 1 个不含污染物的空白对照。各浓度组均设 2 个平行样。

（3）培养液的制备

利用液体培养基培养供试藻，培养液配方依据供试藻种类确定，本实验选用普通小球藻（*Chlorella vulgaris*）作为试验藻种。按配方配制培养基，配方见表 3-1，将储存的培养液母液混合、稀释，按一定体积分装在各个三角瓶中，经 121℃ 高压灭菌 20min，或经 0.45μm 滤膜过滤除菌。由于限制 CO_2 交换的是介质的表面积与体积之比，所以在分装培养液时必须预留一定空间。通常所留空间与液体表面之比是：40mL 液体/125mL 三角瓶；60mL 液体/250mL 三角瓶；100mL 液体/500mL 三角瓶。

表 3-1   BG-11 培养基

序号	组分	用量/(mL/L)	母液浓度/(g/L)
1	$NaNO_3$	10	150
2	K_2HPO_4	10	4
3	$MgSO_4 \cdot 7H_2O$	10	7.5
4	$CaCl_2 \cdot 2H_2O$	10	3.6
5	柠檬酸(citric acid)	10	0.6
6	柠檬酸铁铵(ferric ammonium citrate)	10	0.6
7	EDTANa$_2$	10	0.1
8	Na_2CO_3	10	2.0
9	A5 微量元素液	1	

A5 微量元素液配制如表 3-2 所示。

表 3-2   A5 微量元素液（用 1mol/L 的 NaOH 或 HCl 调节 pH 为 7.1）

组分	浓度/(g/L)	组分	浓度/(g/L)
H_3BO_3	2.85	$CuSO_4 \cdot 5H_2O$	0.08
$MnCl_2 \cdot 4H_2O$	1.85	$Na_2MoO_4 \cdot 2H_2O$	0.40
$ZnSO_4 \cdot 7H_2O$	0.20	$Co(NO_3)_2 \cdot 6H_2O$	0.05

（4）接种培养

将达到同步生长的藻种培养液充分摇匀，吸取一定体积加至各组培养液中。液体体积＝培养基体积＋污染物溶液体积＋藻种液体体积。一般使初始藻种细胞密度见表 3-3。

表 3-3   藻种初始细胞密度

藻种	密度/(10^3 个/mL)	藻种	密度/(10^3 个/mL)
普通小球藻(C. vulgaris)	1	水华鱼腥藻(A. flos-apuae)	50
羊角月牙藻(S. capricornutum)	1	小环藻(Cyclotella sp.)	1
蛋白核小球藻(C. pyrencidosa)	1	菱形藻(Nitzschia sp.)	1
铜绿微囊藻(M. aeruginosa)	50	斜生栅藻(S. obliqnus)	1

（5）培养条件

绿藻在（24±2)℃、白色荧光灯光照下，光照强度（4000±400)lx 的条件下培养；蓝藻和硅藻在（24±2)℃、白色荧光灯光照下，光强（2000±200)lx 培养。培养容器可置于摇床上振荡（110r/min)，也可人工通以含 3% 二氧化碳空气，以便空气交换。光暗比为

14h：10h 或 12h：12h。若置于人工气候箱静置培养，每天需要振荡至少 3 次，每次 5～10min。

（6）生物量测定

在藻类毒性试验中，应定时取样测定藻类的生长情况，一般为 24h 或 48h 取样一次。在 96h 取样测定污染物对藻类生长影响的 EC_{50}，即与对照相比，生长率下降 50％的污染物浓度。确定藻类生长的指标较多，因而在设计藻类急性毒性试验时，必须考虑所有相关的环境因素，根据试验目的和实际条件选择测试指标。常用的测试指标如下。

① 干重测定

取适当量的培养悬浮液以 $0.45\mu m$ 的已称过重的滤膜进行过滤，过滤中用适量含有 $NaHCO_3$ 的蒸馏水来冲洗，然后将滤膜放在烘箱中，于 60℃数小时烘干，移入干燥器中冷却，最后称重，计算藻类的干重。

② 光密度测定

用分光光度计在波长 750nm 处直接测定藻液的吸光率。注意将吸光度读数控制在 0.05～1.0。

③ 细胞计数

将藻液充分摇匀后立即用吸管吸取滴入血球计数板的计数室内，加盖盖玻片。注意：加盖盖玻片时要小心，血球计数板的计数室内严禁产生气泡。然后置于显微镜下对藻类培养液直接进行细胞计数。如果是丝状藻类，则先用超速搅拌器或超声波处理丝状藻体团分散后，再行显微计数。同一样品计数两次，计数结果之差如果大于±15％，则需计数三次。

④ 叶绿素 a 含量测定

取一定体积的藻液，3000r/min 离心 10min，将沉出物拌入少量 $MgCO_3$，匀浆，95％乙醇（或 80％丙酮）萃取，4℃，放置 2～4h 后，4000r/min 下离心 10min，取上清液，用分光光度计在波长 665nm 和 649nm 分别测定吸光度（A_{665}、A_{649}）。以体积分数 95％乙醇作为空白。

95％乙醇提取叶绿素 a 时其经验计算公式如下（不同的提取溶剂，采用不同的经验公式）。

$$C_a = 13.95A_{665} - 6.88A_{649}$$

再根据所取藻液的体积求出藻液叶绿素 a 的含量（mg/L）。需要注意的是：

Ⅰ. 提取液的 A_{665} 要求在 0.2～1.0，若 A_{665} 小于 0.2，应增加取水样量；若 A_{665} 大于 1.0，可稀释提取液或减少取水样量。

Ⅱ. 光对叶绿素有破坏作用，实验操作应在弱光下进行，且匀浆时间尽量短。

Ⅲ. 色素提取液若混有其他物质而造成浑浊，将影响吸光度的测定，应重新过滤或离心。

二维码3-1 藻类培养及其生物量测定

3.5 结果与讨论

（1）按表 3-4 记录实验数据。

表 3-4　实验记录表

实验藻种名称：					藻种编号：									
标准培养基：					受试污染物：									
实验条件	控温					初始测定	pH							
	光照						藻细胞数/(个/mL)							
	光暗						光密度							
	通气情况						叶绿素 a							
处理			24h			48h			72h			96h			
组别	瓶号	浓度	细胞数	C_a	A	细胞数	C_a	A	细胞数	C_a	A	细胞数	C_a	A
对照	1													
	2													
	3													
处理 I	4													
	5													
	6													
处理 II	7													
	8													
	9													
处理 III	10													
	11													
	12													
处理 IV	13													
	14													
	15													
处理 V	16													
	17													
	18													

（2）按下法求出 96h 的 EC_{50}：各组设 2 个平行样，取其平均值，在半对数坐标纸上，以试验浓度为纵坐标，以 $(V_{空白}-V_n)/V_{空白}$ 为横坐标，用内插法求出对藻生长影响下降 50% 的污染物浓度，即为 EC_{50}。

（3）为什么每个实验组要有 2 个平行样？为什么污染物浓度设计要采用等对数间距的 5～7 个浓度？

（4）为什么可以用藻类叶绿素 a 的含量来表征藻的生物量？

附：血球计数板计数及使用方法

（1）结构

血球计数板的形状如图 3-1 和图 3-2 所示，血球计数板是一块特制的厚载玻片，载玻片上由 4 个下凹的槽构成 3 个平台。中间的平台较宽，其中间又被一短横槽分隔成两半，每个半边上面各刻有一方格网，每个方格网共分 9 个大方格（大方格用三线隔开），中央的一大方格作为计用，称为计数室，如图 3-3 所示。计数室的规格常有两种：一种叫希利格式 （16×25 型），如图 3-4（a）所示，是一个计数室分为 16 个中方格（中方格之间用双线分开），而每个中方格又分成 25 个小方格；另一种叫汤麦式（25×16 型），如图 3-4（b）所示，是一个计数室分成 25 个中方格，而每个中方格又分成 16 个小方格。但是不管计数室是哪一种构造，它们都有一个共同特点，即计数室都由 400 个小方格组成。计数室的边长常为 1mm，则计数室的面积为 $1mm^2$，盖上盖玻片后，计数室的高度为 0.1mm，所以每个计数室的容积为 $0.1mm^3$，每个小方格的边长为 0.05mm，每个小方格的容积为 $1/4000mm^3$，16×25 型的每个中方格的边长为 0.25mm，每个中方格的容积为 $1/160mm^3$，25×16 型的每个中方格的边长为 0.2mm，每个中方格的容积为 $1/250mm^3$。另外，有血球计数板

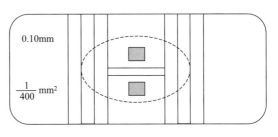

图 3-1　血球计数板正面

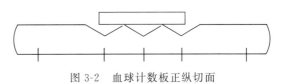

图 3-2　血球计数板正纵切面

规格为计数室边长为 2mm，则计数室的面积为 $4mm^2$，计数室的高度为 0.1mm，所以每个计数室的容积为 $0.4mm^3$，每个小方格的边长为 0.1mm，每个小方格的容积为 $1/1000mm^3$。16×25 型的每个中方格的边长为 0.5mm，每个中方格的容积为 $1/40mm^3$；25×16 型的每个中方格的边长为 0.4mm，每个中方格的容积为 $2/125mm^3$。

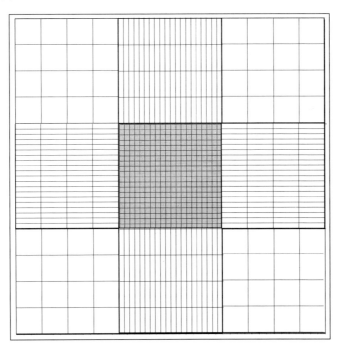

图 3-3　血球计数板方格网计数室

（2）使用方法

① 将样品藻液稀释到合适的浓度，以每小方格内含有 2～5 个细胞为宜。

② 将血球计数板用擦镜纸擦净，在中央的计数室上加盖盖玻片。

③ 将稀释后待检查的藻液摇匀，快速用吸管吸取一滴置于盖玻片的边缘，使藻液缓缓渗入。多余的藻液用吸水纸吸取。稍待片刻，使细胞全部沉降到血球计数室内。

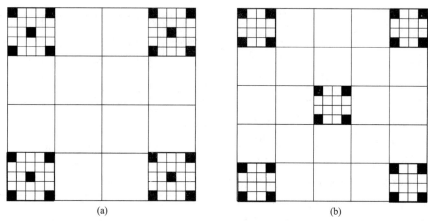

(a)　　　　　　　　　(b)

图 3-4　血球计数板计数室结构

④ 计数时，如果使用 16 格×25 格规格的计数室，要按对角线位，取左上、右上、左下、右下 4 个中格（即 100 个小格）的细胞数；如果规格为 25 格×16 格的计数板，除了取其 4 个对角方位外，还需再数中央的一个中格（即 80 个小方格）的细胞数。

⑤ 当遇到位于大格线上的细胞，一般只计数大方格的上方和右方线上的细胞（或只计数下方和左方线上的细胞）。

⑥ 对每个样品计数两次，取其平均值（若两次结果之差大于 15%，需计数三次，取平均值），按下列公式计算每 1mL 藻液中所含的细胞个数。

（3）计算公式

① 16 格×25 格的血球计数板计算公式

每毫升细胞数(个/mL)＝(100 小格内酵母细胞个数/100)×400×10⁴×稀释倍数 (3-1)

② 25 格×16 格的血球计数板计算公式

每毫升细胞数(个/mL)＝(80 小格内酵母细胞个数/80)×400×10⁴×稀释倍数 (3-2)

（4）血球计数板的清洁

血球计数板使用后，用自来水冲洗，切勿用硬物洗刷。洗后自行晾干或用吹风机吹干，或用 95% 的乙醇、无水乙醇、丙酮等有机溶剂脱水使其干燥。通过镜检观察每小格内是否残留菌体或其他沉淀物。若不干净，则必须重复清洗直到干净为止。

参考文献

[1] 周永欣，章宗涉.水生生物毒性试验方法.北京：农业出版社，1989.
[2] 国家环境保护总局，水和废水监测分析方法编委会.水和废水监测分析方法.北京：中国环境科学出版社，2002.
[3] 李亚宁，李国东.环境化学与生物监测实验技术.天津：南开大学出版社，2013.
[4] 耿红，刘剑锋，王诺.重金属汞和镉对普通小球藻生长的影响.中南民族大学学报（自然科学版），2014，33（3）：41-43.
[5] 蒆玉琴，任春燕，朱巧巧，等.普通小球藻对不同浓度镉胁迫的生理应答.水生生物学报，2017，41（5）：1106-1111.

14

实验四
污染物对植物气孔的影响与观察

4.1　实验目的

（1）通过实验，掌握测定气孔操作的步骤，探究气孔开闭机制；

（2）观察污染物对气孔形态变化的影响，并了解植物气孔对环境变化的反应。

4.2　实验原理

植物气孔是植物与外界环境进行 CO_2、O_2 和水蒸气交换的主要通道，在植物生理活动（光合作用、呼吸作用、蒸腾作用）中起着重要的调节作用。植物的气孔密度、气孔形状和大小等，是植物在进化过程中对外界环境因子长期适应的结果。气孔复合体由一对保卫细胞和中间的微孔组成，其功能主要是调控植物与外界环境之间的气体交换和水分散失。在很短的时间内，气孔通过开放和关闭，可使水分和 CO_2 在植物体内与外界环境之间达到平衡。

不同植物的叶、同一植物不同的叶、同一片叶的不同部位（包括上、下表皮）都有差异，且受客观生境条件的影响。在不同环境条件下，不同植物所处的环境条件差异很大，气孔的形态和分布也随之改变。生长的植物生态类型的不同，其气孔数目分布也是不同的，并且随环境因子的变化灵敏地改变开度。气孔特性在一定程度上能够反映植物对环境的生态适应性，因此利用气孔参数反映植物对气候变化的响应成为近年来国际生态学研究的热点。

4.3　实验器材

4.3.1　实验材料

旱生植物：仙人掌、羽茅、天竺葵等；中生植物：小麦、蚕豆、冬青等；湿生植物：水稻、春兰、茭白等。

4.3.2　实验仪器

显微镜、显微镜测微尺、镊子、解剖针、棉签、盖玻片、载玻片、滴瓶、纱布、洗瓶、镜头纸、计数器。

4.3.3 实验试剂

火棉胶、乙二醇、异丁醇。

4.4 实验步骤

4.4.1 实验材料培养与处理

可选用多种不同生态型植物进行实验，并对不同生态型植物叶片气孔数目、分布密度进行比较观察。本实验选用小麦作为受试物，小麦属于禾本科单子叶植物。在实验室采用水培方法培养。选择籽粒大小均匀一致的种子，经蒸馏水反复冲洗干净，将其放置在人工气候箱中进行种子催芽，待种子吸胀露白后，整理、挑选种子摆放于实验网筐中。选取均匀一致的种子，并将种子腹沟朝下摆放，按时补充水分。人工气候箱参数设置温度为 25℃，光照 14h，光照强度为 2000lx，相对湿度 60%。幼苗长至三叶一心时，可选取健康小麦叶片试验。

4.4.2 气孔数目及密度的测定

（1）视野面积的测定：使用测微尺测量视野面积。测微尺分目微尺和台微尺，两种配合使用。目微尺为一块圆形玻片，中央刻一条 5mm 或 10mm 长的等分线，共分 50 个小格或 100 个小格，使用时将目微尺装入目镜中。台微尺是一块特制的载玻片，其中央有一条 1mm 长的等分线，共分 100 个小格，即每个小格为 10μm(0.01mm)。使用时，将台微尺置于载物台上。

在一定的放大倍数下的目镜和物镜的组合，根据目微尺上的刻度与台微尺上刻度相重合的读数，如图 4-1 所示，可以计算目微尺上每一刻度的大小，例如，若目微尺上的 100 个分格恰恰等于台微尺的 40 个分格，则 40÷100×0.01＝0.004(mm)。即目微尺上的每一个分格等于 4μm。由于目微尺每一个分格的长度为已知，所以在不同放大倍数下即可测定显微镜视野中物体的大小。

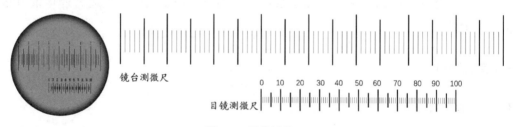

图 4-1 目微尺校正

视野直径的确定：实际视野的直径＝试场数/物镜的放大倍数，目镜能看到的像的直径为试场数，实验过程中用到的显微镜的 10 倍目镜的试场数为 18mm，物镜的放大倍数为 40，所以应用上述公式计算，得到实际视野的直径＝18mm/40＝0.45mm。

用目镜测微尺测量显微镜视野的直径，求其半径 r。若半径 r 为已知，根据公式 $S＝\pi r^2$（S 为面积），计算视野面积。

（2）选择一株健康的小麦，将此株上叶片洗净、擦干。气孔测定采用火棉胶涂印法。用棉签将5%火棉胶分别涂在已选定叶片的主脉两侧表皮上。

（3）数分钟后撕下火棉胶胶膜，用镊子和解剖针将胶膜平放在载玻片上，盖上盖玻片，而后置于显微镜下迂回观察，计算视野中气孔数目（根据具体情况采用低倍镜或高倍镜）。在膜的不同部位取5个视野进行计数，求其平均值。

二维码4-1 小麦气孔数目及密度测定

（4）气孔密度的计算：根据所观测数据，分别求出每种植物的上表皮和下表皮气孔的密度，单位为气孔数/mm²。

$$气孔密度 = \frac{叶片气孔数平均值}{观测视野的面积} \tag{4-1}$$

4.4.3 植物气孔开闭情况的观测

（1）直接测量气孔大小

取健康小麦叶片，擦净，用棉签将5%火棉胶分别涂在叶片表皮上。数分钟后撕下火棉胶胶膜，用镊子和解剖针将膜平放在载玻片上，盖上盖玻片，而后置于显微镜下观察。每片叶片在显微镜下用目镜测微尺测定20个气孔的最大宽度，然后求其平均值。以3片叶片的气孔大小均值作为该种植物当时的气孔大小值。

（2）污染物浸润后气孔开度观测

用乙二醇和异丁醇按不同比例混合得到不同黏度的液体，不同黏度的液体由于表面张力的不同，对植物叶片浸润能力也有一定的差异。液体黏度越小，浸润力越强，越易沿着气孔浸润到叶肉内。气孔开度越大，越易被液体浸入；气孔开度越小，越不易被液体浸入。因此，借助不同黏度的污染物浸入植物体，可以相对地比较观测气孔的开闭情况，在其基础上可开展污染物对气孔开闭影响的观察与比较研究。

表 4-1 不同黏度混合浸润液配制方法

名称	混合液编号					
	Ⅰ	Ⅱ	Ⅲ	Ⅳ	Ⅴ	Ⅵ
乙二醇/%	10	20	30	40	50	60
异丁醇/%	90	80	70	60	50	40
气孔开度	1	2	3	4	5	6

闭 ←——————————————————→ 开

气孔开闭测定的具体观察如下。

首先，按表4-1配制不同黏度的混合液于滴瓶中，备用。

然后，选择小麦的健康叶片，用纱布擦去表面的灰尘。而后往叶子表面滴一滴Ⅰ号液体（滴在叶上表面或下表面视气孔分布情况而定）。若在数秒内（具体时间由实验者酌情而定）有暗绿色小斑点出现，表示Ⅰ号浸润液已浸入叶内；接着在相邻处滴一滴Ⅱ号液体（如果叶片太小，可在另一片同龄叶片上滴），如有暗绿色斑点出现，再滴Ⅲ号液，如Ⅲ号浸润液不能浸入时，则气孔开度数值可用"2"表示；如果Ⅲ号浸润液能浸入叶片，而Ⅳ号浸润液却不能浸入时，气孔开度数值可用"3"表示；如Ⅳ号浸润液稍能浸

二维码4-2 小麦
气孔开闭观测

入，其程度相当于在 3～4 之间，则气孔开度作为 3.5。其余依次类推。确定浸润液号开度后，用棉签将 5% 火棉胶涂于叶片被不同黏度混合液浸润的部位上，数分钟后撕下火棉胶胶膜，置于显微镜下观察气孔开度。

每组用一种污染物（不同黏度的混合浸润液），在小麦叶片上进行气孔开度测定，测定取三个以上胶膜，在显微镜下用目微尺测定 20 个以上气孔的宽度（以最大宽度计数），求其平均值。

4.5　思考题

（1）污染物对植物的影响有多个方面，对叶片气孔的影响主要有何表现？为什么可以用叶片气孔的开闭来比较研究污染气体或其他污染物对植物的毒性作用？

（2）污染物对植物叶片气孔的影响主要表现在哪些方面？

参考文献

[1]　王衍安.植物与植物生理.北京：高等教育出版社，2015.

[2]　孙壮壮，姜东，蔡剑，等.单子叶作物叶片气孔自动识别与计数技术.农业工程学报，2019，35（23）：170-176.

[3]　李中华，刘进平，谷海磊，等.干旱胁迫对植物气孔特性影响研究进展.亚热带植物科学，2016，45（2）：195-200.

实验五
污染物对鲫鱼脑乙酰胆碱酯酶的影响

5.1 实验目的

（1）了解有机磷农药的毒性机制；

（2）掌握乙酰胆碱酯酶（AChE）活性测定的原理和测定方法；

（3）通过污染物对鲫鱼脑乙酰胆碱酯酶（AChE）的测定评价水体的生态毒性。

5.2 实验原理

生物体内的乙酰胆碱酯酶（Acetylcholinesterase，AChE），在正常状态时，能将神经冲动时所产生的乙酰胆碱分解成乙酸和胆碱，这样使生物的神经传导能正常进行。当生物体接触神经毒性物质如有机磷农药、氨基甲酸酯类农药和拟除虫菊酯类农药后，使体内的胆碱酯酶活性受到抑制，不能分解乙酰胆碱，从而破坏了神经系统的正常传导。乙酰胆碱酯酶活性在一定程度上可以反映水生态环境污染物对水生生物的毒性效应，在生态毒理学等方面得到广泛应用。

在一定条件下（温度、pH），酶反应速率同酶使用量、作用时间呈近似线性关系。取一定量的乙酰胆碱与鱼脑胆碱酯酶作用，水解后，剩余的乙酰胆碱与碱性羟胺作用，生成乙酰羟胺，它们在酸性溶液中与三氯化铁作用，生成深褐色异羟肟酸铁络合物，其颜色的深浅与乙酰胆碱量成正比，用分光光度法测出剩余乙酰胆碱的含量，从而间接地测定胆碱酯酶的活性。

5.3 实验器材

5.3.1 实验器材

分光光度计、台式冷冻离心机、恒温水浴锅、电子天平、精密酸度计、冰箱、振荡器、组织研磨器、移液枪（枪头）、移液枪架、试管、离心管、定性滤纸、剪刀、镊子、小不锈钢盆、白瓷盘、冰块、记号笔。

5.3.2 实验材料

鲫鱼或鲤鱼。

5.3.3 实验试剂

（1）污染物：90％辛硫磷原药（Phoxim，90％TC）。

（2）0.1mol/L 磷酸缓冲液（pH 7.2）：称取磷酸氢二钠（$Na_2HPO_4 \cdot 2H_2O$，178.05）1.78g、磷酸二氢钾（K_2HPO_4，136.09）2.72g，先用少量蒸馏水溶解后，定容至100mL。

（3）0.001mol/L 乙酸钠溶液：称取0.136g 乙酸钠溶于100mL 蒸馏水。

（4）3.5mol/L 氢氧化钠溶液：称取14g 氢氧化钠溶于100mL 蒸馏水。

（5）碱性羟胺溶液：将盐酸羟胺与等体积 3.5mol/L 氢氧化钠混合即成（临用前20min 配制备用）。

（6）1∶2盐酸溶液：取浓盐酸1份加入2份蒸馏水。

（7）氯化乙酰胆碱标准溶液。

储备液：精确称取 0.073g 氯化乙酰胆碱，溶于10mL 浓度为0.001mol/L 的乙酸钠溶液中，即为0.04mol/L 储备液，即1mL 中含有 $40\mu mol/L$ 的乙酰胆碱（因乙酰胆碱易吸潮，称量时要快，最好用带盖称量瓶）。

使用标准液：取1mL 储备液，用浓度为0.001mol/L 的乙酸钠溶液稀释至10mL，为0.004mol/L，即1mL 中含有 $4\mu mol/L$ 的乙酰胆碱。

（8）0.1mol/L 盐酸：取0.84mL 浓盐酸用蒸馏水稀释至100mL。

（9）0.37mol/L $FeCl_3$ 溶液：称取三氯化铁10g，溶于100mL 浓度为0.1mol/L 的盐酸溶液中，储存于棕色瓶中。

5.4 实验步骤

5.4.1 驯养及染毒

试验鲫鱼购于市场，实验室条件下驯养一周，每24h 更换养鱼水（曝气24h 自来水），每天饲喂普通饲料，试验前1天停止喂食且试验期间不投饵。染毒方式采用静态染毒法，选取 0.1mg/L 和 0.5mg/L 两个浓度组进行染毒，自来水驯养鲫鱼为对照组。染毒周期96h，每24h 更换试验溶液。

5.4.2 绘制乙酰胆碱标准曲线

分别取乙酰胆碱使用标准液 0.0mL、0.2mL、0.4mL、0.6mL、0.8mL、1.0mL 于试管中，然后用0.1mol/L 磷酸缓冲液（pH＝7.2）添加到2mL，摇匀，各加碱性羟胺4mL，振摇3min 后再加入1∶2盐酸溶液2mL，振摇1min，最后加2mL 三氯化铁，摇匀后待测（空白管先加1∶2盐酸摇匀，然后再加碱性羟胺）。10min 后分别将溶液移入比色皿中，并在525nm 波长下测定各管的吸光度，以空白对照液调零。以吸光度为纵坐标，以乙酰胆碱浓度为横坐标绘出标准曲线。

5.4.3 样品分析

（1）取染毒鱼和对照鱼，设两个浓度组，每组各取一条鱼，将鲫鱼放置在盛满小冰块的白瓷盘中，在冰浴条件下解剖。用剪刀在鱼头脊背面剪成三角状，剥去头顶骨，然后用镊子取出完整的鱼脑组织，以滤纸吸去鱼脑表面的血丝和非脑组织。

（2）快速称取20mg 鱼脑组织，放入已在冰浴预冷的组织研磨器中，然后加入1mL 磷酸缓冲液（pH 7.2）进行匀浆。然后再加同样的缓冲液9mL 于组织研磨器中，使每毫升鱼脑匀浆液中含鱼脑组织 2mg。注意，匀浆过程组织研磨器不要脱离冰浴环境。

（3）取两个试管，各加入 1mL 乙酰胆碱使用标准液，再分别向两个试管中加入 1mL 染毒鱼及对照鱼鱼脑组织匀浆液，然后放入 37℃恒温水浴槽中，温浴 20min。

（4）取出试管并立即分别加入 4mL 碱性羟胺，充分振摇 1min 后再分别加入 2mL 浓度为 1∶2 的盐酸，充分振摇。最后再分别加入 2mL 浓度为 0.37mol/L 的 $FeCl_3$ 溶液，匀浆液于 4℃、10000r/min 条件下冷冻离心 20min。

（5）取上清液移入比色皿中，在 525nm 波长下测定吸光度，仍以空白对照液调零。

5.5　结果与讨论

（1）酶活性的计算

$$酶活性[\mu mol/(mg \cdot h)]=\frac{(M-m)\times 3}{2} \tag{5-1}$$

式中，M 为标准乙酰胆碱的物质的量浓度，$\mu mol/L$；m 为样品水解后残留的乙酰胆碱的物质的量浓度，$\mu mol/L$，由工作曲线查出；"3"为作用时间 20min 除 60min 所得；"2"为鱼脑组织 2mg。

（2）酶活性抑制率计算

$$酶抑制率=1-\frac{染毒后酶活性}{未染毒酶活性} \tag{5-2}$$

（3）分析不同的染毒浓度对 AChE 有何影响。

（4）检验胆碱酯酶的活性有何毒理学意义？

参考文献

［1］　钱芸，朱琳，刘广良.几种农药对鲤鱼脑 AchE 的联合毒性效应.环境污染治理技术与设备，2000，(4)：27-32.

［2］　石旺荣.辛硫磷在鲫鱼体内分布及对鱼体 AChE 活性的影响.武汉：华中农业大学，2011.

［3］　刘晓宇，郝强，吴谋成，等.鲫鱼脑乙酰胆碱酯酶的活性测定及对有机磷农药的敏感性研究.食品科学，2006，(12)：71-74.

实验六
淡水水体中浮游生物的采集与观察

6.1 实验目的

（1）掌握浮游植物和浮游动物的采集及处理方法；

（2）掌握测量浮游植物和浮游动物的大小的一般技术；

（3）了解典型浮游植物和浮游动物实际大小及形态的概念；

（4）通过实验判断水体中浮游植物和浮游动物的优势种及其数量，并对水体现状进行初步评价。

6.2 实验原理

浮游生物作为水体生态系统的基础，在水体物质循环和能量流动中起着重要的作用，是决定水域丰富程度的关键因素。

水污染指示生物，是指对环境质量的变化反应敏感而被用于评价水体污染状况的水生生物。浮游生物作为水域生态系统中重要的生物组成部分，是水环境生态系统食物链的基础环节，在物质转化、信息传递和能量流动中起着重要作用。浮游生物包括浮游植物、浮游动物、水生微生物、大型无脊椎动物等。其中浮游植物、浮游动物是水体营浮游生活的小型动、植物，是水生态系统的重要组成部分。浮游生物能通过在种类、数量以及形态结构方面的变化，对水质的改变做出较大的反应。正是由于浮游生物具有的这种典型敏感性，并且分布范围广，而被作为水体生物监测的指示生物，用于评价水环境质量状况。根据河流中浮游生物种类和数量的分布，可以对水体污染程度做出综合判断。

6.3 实验器材

6.3.1 实验仪器

透明度盘、采水器、双目生物显微镜、测微尺、浮游生物计数框、载玻片、24mm×24mm 盖玻片、计数器、滤纸、镜头纸、塑料水桶、棕色试剂瓶、绢网、移液枪、滴管。

25 号浮游生物网（浮游植物网）：网孔大小 0.064 mm（200 目）；13 号浮游生物网（浮游动物网）：网孔大小 0.112 mm（125 目）。

6.3.2 实验试剂

（1）1%的 Lugol 氏液：称取碘化钾 20g，加入 200mL 含 20mL 冰醋酸的蒸馏水，待完全溶解后再加入碘 10g，储存于密闭的棕色试剂瓶中。

（2）4％福尔马林：取 4mL 浓度为 37％～40％的甲醛，加入 10mL 甘油，加蒸馏水定容至 100mL。

6.4 实验步骤

6.4.1 浮游植物和浮游动物的采集

（1）采样点的设置

采样点的设置要有代表性。污染区不同，浮游生物的分布情况也是不同的，采样之前先对调查河流进行现场勘察，对污染情况进行了解，然后在河流的不同污染段以及排污口的上下游布点，河流布点采用断面布设法，污染断面设置于污水与河水充分混匀的流域，观察断面设置于调查的污染流域的下端，同时要在河流的非污染区排污口的上方设置对照断面，每个断面的采样点数目根据河流的宽度进行布设，河宽 50m 内时布设 1 个采样点，50～100m 布设 2～3 个采样点。

（2）采样方法和固定

① 浮游植物采集和固定

浮游植物定性采集：采用 25 号浮游生物网，将网口至于水面以下 20～50cm 并朝向来水方向停留或以 20～30cm/s 的速度呈"∞"形缓慢拖拽 5～10min，或在水中沿表层拖滤 1.5～5.0m³ 水体积。

浮游植物定量采集：采集水样前，先用透明度盘测量采样水域透明度，根据透明度设定水样采样深度。透明度盘是直径 20cm 的圆板，盘面被平均分成四部分，呈黑白相间色调，盘面中心开一小孔，穿一铅丝，下面加一铅锤，上面系绳。透明度盘使用前保证绳的干燥，并在测量水体透明度时应慢慢垂直沉入水中，观察时必须保证眼睛沿着绳的方向垂直向下看，直到看不到盘面黑白交界线为止。从绳上干湿分界处到盘面的长度即为该水体的透明度。如需要采集较深水体浮游植物时可用有机玻璃采水器，采水器于设定深度采集 1000mL 水样，立即加入 15mL 的 Lugol 氏液固定保存。也可将 15mL 左右 Lugol 氏液事先加入 1L 的玻璃瓶中，带到现场直接采样。固定后送实验室保存。

采样量需根据浮游植物的密度和研究目的而定。对于浮游植物计数，采水量一般以 1L 为宜。

从野外采集并经过固定的水样（要求详见表 6-1），带回实验室后必须进一步沉淀浓缩。将 1000mL 的水样直接静置沉淀 24～48h 后，小心抽掉上清液，浓缩可用筛绢网过滤，防止水样中生物流失，再用少量上清液冲洗定容至 30mL；也可以通过虹吸或离心的方法浓缩水样。

表 6-1 不同水体深度浮游植物的采集要求

采样水体深度/m	采样点位置
≤2	0.2～0.5m 处采水
2～3	分别于 0.5m 处、底层采水
≥3	根据具体情况分层采水

② 浮游动物采集和固定

浮游动物定性采集：采用 25 号浮游生物网或 PFU（聚氨酯泡沫塑料块）法采集微型浮游动物，13 号浮游生物网采集轮虫、枝角类和桡足类。将网口至于水面以下 20～50cm 并朝向来水方向停留或按"∞"形拖拽 5～10min。样品采集完成后加入 2～2.5mL 浓度为 4% 的福尔马林固定。

浮游动物定量采集：在静水和缓慢流动水体中采用有机玻璃采水器采集。在流速较大的河流中，采用横式采水器，并与铅鱼配合使用。采水量一般为 1～2L，若浮游生物量很低

时，应酌情增加采水量。浮游生物样品采集后，除了进行活体观测外，一般按水样体积 1% 的 Lugol 氏液固定，水样静置 24～48h 后将水样浓缩，可用筛绢网扎在虹吸管的管口，防止水样中生物流失，再用少量上清液冲洗定容至 30mL；也可以通过过滤或离心的方法浓缩水样。

不同水体深度浮游动物的采集要求见表 6-2。

二维码6-1 浮游
生物采集

表 6-2 不同水体深度浮游动物的采集要求

采样水体深度/m	采样点位置
<5	水面下 0.5m(不足 1m 时，取 1/2 水深)处采水
5～10	水面下 0.5m 处，河底上 0.5m
>10	水面下 0.5m，河底上 0.5m，1/2 水深(如不同深度水质分布均匀，也可减少中层采样点)

6.4.2 浮游植物、浮游动物定量观察及定性观察

（1）测微尺的校正及测量

① 目镜测微尺的校正

把目镜上的透镜旋下，将目镜测微尺的刻度朝下轻轻地装入目镜的隔板上，把镜台测微尺置于载物台上，使刻度朝上。镜台测微尺是一与载玻片大小相同的玻璃片，中央有一个圆形的盖玻片，中央刻有 1mm 长的标尺，等分为 100 格，每格为 0.01mm 即 $10\mu m$。先用低倍镜观察，对准焦距，视野中看清镜台测微尺的刻度后，然后转换成高倍镜，同时转动目镜，使目镜测微尺与镜台测微尺的刻度平行，移动推进器，使两尺重叠，再使两尺的"0"刻度完全重合，定位后，寻找两尺第二个完全重合的刻度。计数两重合刻度之间目镜测微尺的格数和镜台测微尺的格数。

② 浮游生物个体大小的测量

校正好目镜测微尺后，取出镜台测微尺放回盒内，放回原处。此时不要再随意变动目镜和物镜放大倍数，浮游生物个体大小的测定只能在这特定的情况下进行。

取一干净的载玻片滴一滴水样样品，盖上盖玻片，首先使用低倍镜找到目的物，然后转换成高倍镜进行观测与测量。找出不同类生物个体，经过比对、测量得到 3 个不同种类的浮游生物，记录下来。

（2）浮游植物和浮游动物的定量观察

在浮游生物计数前先进行显微镜目镜测微尺的标定，按照常规方法，利用测微尺测定和计算视野面积。对测量和计数所需镜头的每一种搭配均需进行标定和记录。

① 浮游植物定量观察

每一次计数前，先将样品充分摇匀，用移液枪伸入水样中部，定量吸取 0.1mL 样品注

入 0.1mL 计数框内，盖好盖玻片。操作时避免产生气泡，影响实验结果的准确性。静置 5min 后再开始计数。将计数框放置低倍镜头下辨识藻类分布是否均匀，再转至高倍镜头下进行观察计数，共计数 10 个视野。每个样品至少需要计数 3 次，取其平均值。如 3 次计数结果个数相差 15％ 以上，则进行第 4 次计数，取其中个数相近两次的平均值。如果浮游生物密度不大，可将计数框内生物全部数出来。

② 浮游动物定量观察

浮游动物、轮虫计数时，先将样品充分摇匀，定量吸取 0.1mL 样品注入 0.1mL 计数框内，盖好盖玻片。每个样品至少需要计数 3 次，取其平均值。如 3 次计数结果个数相差 15％ 以上，则进行第 4 次计数，取其中个数相近两次的平均值。

（3）浮游植物和浮游动物的定性观察

对于样品中浮游生物的定性分类观察，最好使用活体观察，也可以用固定的样品进行鉴定。当用活体在显微镜下观察时，由于生物活动过快，可在载玻片上加适量的低浓度麻醉剂或加少许棉质纤维，以阻止其活动。

① 浮游植物定性观察

浮游植物的定性即分类观察是定量计数的基础。在进行样品观察前，先对标本片进行观察，以对各种浮游植物有明确的认识。

用滴管吸取少量采集的样品，滴于载玻片上，盖上盖玻片，制成临时水封片，在低倍显微镜下进行观察，再换至高倍镜下，依据相关参考书对生物样品进行逐一鉴定，然后将所观察鉴定的种类分门别类地记录下来。

② 浮游动物定性观察

用滴管吸取一滴标本液，置于载玻片上，轻轻盖上盖玻片。在低倍镜下找到目标物，再转换成高倍镜进行观察与测量。

为了看清浮游动物的构造，也可以进行染色观察。浮游动物的细胞核在动物体中所在的部位以及细胞核的形状是种类鉴定的又一依据。可用 1％ 的甲基绿染色剂进行染色。用滴管加一滴染色剂于盖玻片边缘，染色剂慢慢透入虫体内部，将细胞核染成深绿色。然后置于显微镜下进行观察。并参照样图谱进行比对，找出其名称，并记录下来。在显微镜下鉴定定性标本到科或属，桡足类幼体至少需要鉴定到目。

二维码6-2　浮游生物测量、计数与观察

6.4.3　浮游植物、浮游动物记录及计算

（1）浮游植物的计算

把计数所得的结果按下列公式换算为每升水中浮游植物的个体数：

$$N = \frac{A}{A_c} \times \frac{V_w}{V} \times n$$

式中，N 为每升水中浮游植物个数，个/L；A 为计数框面积，mm^2；A_c 为计数面积，mm^2，即视野面积×视野数；V_w 为 1L 水样经沉淀浓缩后的样品体积，mL；V 为计数框体积，mL；n 为计数所得的浮游植物的个体数或细胞数。

（2）浮游动物的计算

把计数获得的结果用下列公式换算为单位体积中浮游动物个数：

$$N = V_s \times \frac{n}{V} \times V_a$$

式中，N 为每升水中浮游动物个数，个/L；V 为采用体积，L；V_s 为沉淀体积，mL；V_a 为计数体积，mL；n 为计数所获得的个体数。

6.5 结果与讨论

（1）采样时的注意事项有哪些？

（2）简述布设采样点的原则，如不按这些原则布设，会对实验结果造成什么影响？

（3）统计各采样点的主要浮游植物和浮游动物类群及其个体数，确定优势种并判断采样点的水质状况。

（4）根据分析结果，对采样点的水体质量做出初步评价，讨论影响浮游植物和浮游动物群落的主要因素。

参考文献

［1］ 国家环境保护总局《水和废水监测分析方法》编委会.水和废水监测分析方法.第 4 版.北京：中国环境科学出版社，2002.

［2］ 金相灿，屠清瑛.湖泊富营养化调查规范.第 2 版.北京：中国环境科学出版社，1990.

［3］ 国家环保局《水生生物监测手册》编委会.水生生物监测手册.南京：东南大学出版社，1993.

［4］ 陈伟民，黄祥飞，周万平，等.湖泊生态系统观测方法.北京：中国环境科学出版社，2005.

［5］ 章宗涉，黄祥飞.淡水浮游生物研究方法.北京：科学出版社，1991.

［6］ 唐美琳，陈颖，冼鸿仪，等.黄龙带水库浮游生物资源调查及水质评价.现代农业科技，2022，（8）：154-158.

［7］ 许志.上海河道浮游生物群落结构时空分布特征及水质生物学评价.上海：华东理工大学，2020.

［8］ 周凤霞，陈剑虹.淡水微型生物与底栖动物.北京：化学工业出版社，2015.

实验七
发光光度法测定环境污染物的生物毒性

7.1 实验目的

(1) 通过实验了解发光菌的生物毒性测试方法的基本原理;

(2) 掌握 DXY-3 型生物毒性测试仪的结构、原理,并能够正确地操作和使用;

(3) 能够掌握根据发光菌发光强度判断毒物的毒性方法;

(4) 了解采用发光菌检测环境污染物的生物毒性在环境污染生物学中的意义。

7.2 实验原理

发光细菌的发光现象是其正常的代谢活动,在一定条件下其发光强度是一定的。这种发光过程又极易受外界条件的影响,对于干扰细菌正常代谢过程的物质,特别是有毒物质都能影响细菌的发光强度,其光强度变化的大小与毒物(或废水)的浓度在一定范围内呈正相关关系。运用发光细菌毒性测试(Luminescent Bacteriatoxicity Test,LBT)技术检测环境污染物的生物毒性,是毒性学中常用的生物毒性测定方法之一。该方法快速、简便灵敏,在有毒物质的筛选、环境污染生物学评价等方面具有重要意义。

明亮发光杆菌是一种由深海鱼类体表分离得到的非致病性的细菌,它具有发光能力,在正常条件下经培养后能发出肉眼可见的蓝绿色荧光。其发光机理是由于活体细胞内具有 ATP、荧光素和荧光酶。发光过程是该菌体内的一种新陈代谢过程,即氧化呼吸链上的光呼吸过程。当细菌体内合成荧光酶、黄素单核苷酸(FMN)、长链脂肪醛时,在氧的参与下,能发生生物化学反应,反应的结果便常产生光,光的峰值在 490nm 左右。其生物化学反应过程如图 7-1 所示。

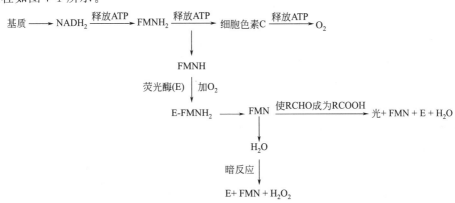

图 7-1 明亮发光杆菌生物化学反应过程

在环境污染物的毒性评价和监测中，发光细菌发光光度法是一种具有快速、灵敏、便捷等优点的直接生物测试方法。理化和生物有毒物质会影响发光菌的呼吸作用、电子传输系统、ATP 产生、蛋白质或脂类合成，从而改变发光强度。发光菌毒性测定就是利用此原理对水样的生物毒性进行分析。

7.3 实验器材

7.3.1 实验仪器

DXY-3 型智能化生物毒性测试仪、全自动高压灭菌器、微波炉、恒温培养箱、恒温振荡器、磁力搅拌器、混匀仪、冰箱、小不锈钢盆、移液枪、1mL 注射器、试管、漏斗、量筒、150mL 三角瓶、试剂瓶、具塞磨口比色管、比色管架、容量瓶、烧杯。

7.3.2 实验试剂

（1）污染物：可选用 Hg、Pb、Cd、Mn、Cu、Cr、Zn 等重金属污染物进行毒性实验。

（2）3% NaCl 和 2.5% NaCl 溶液。配制好的溶液置于 2～5℃冰箱保存。

（3）明亮发光杆菌 T3 变种（*Photobacterium phosphoreum* T3）冻干粉（中科院南京土壤研究所），用安培瓶包装，在 2～5℃冰箱内有效保存期为 6 个月。新制备的发光菌休眠细胞（冻干粉）密度不低于 800 万个细胞/g。

7.4 实验步骤

7.4.1 冻干菌剂复苏

二维码7-1 发光菌冻干菌剂复苏

从冰箱内取出装有 0.5g 发光菌冻干粉的安瓿瓶和 NaCl 溶液，置于盛有冰块的小不锈钢盆中，用 1mL 注射器吸取 0.5mL 冷的浓度为 2.0% 的 NaCl 溶液（适用于 5mL 测试管）或 1mL 浓度为 2.5% 的 NaCl 溶液（适用于 2mL 测试管）注入冻干粉的安瓿瓶中，充分混匀。2min 后菌即可复苏发光，可在暗室内检验，肉眼可见微光。备用。

7.4.2 菌种培养

（1）培养液

胰蛋白胨 5.0g，酵母浸膏 5.0g，NaCl 30g，磷酸氢二钠 45.0g，磷酸二氢钾 1.0g，甘油 3.0g，加蒸馏水至 1000mL，pH 调至 6.8，分装于 150mL 三角瓶中，每瓶约 50mL，塞上硅胶塞，置于高压灭菌器灭菌，冷却后置于 4℃左右冰箱中备用。

（2）固体培养基

取上述培养液 100mL，加入 1.5～2g 琼脂粉，微波炉加热溶解至透明，调节 pH 为 7±0.5，趁热用漏斗分装于试管中，每支试管约 10mL，塞上硅胶试管塞，经高压灭菌器灭菌后取出制成斜面。

（3）斜面菌种培养

将复苏后发光菌菌液迅速转入 50mL 培养液中，20℃恒温培养，每 24h 转接出一次斜面，将培养好的第三代斜面置于4℃左右冰箱中备用。

（4）摇瓶菌液培养

将培养好的第三代新鲜斜面菌种接入装有50mL培养液的150mL三角瓶内，接种量不得超过一接种环，于20℃振荡（180r/min）培养9～12h后（即对数生长期）备用。

（5）工作菌液培养

吸取一定量培养好的摇瓶菌液，用3%的NaCl溶液稀释并搅拌均匀，控制对照（2.0mL浓度为3%的NaCl溶液＋0.1mL工作菌液）发光强度300～900mV。

二维码7-2　发光菌菌种培养

7.4.3　预备实验

为确定正式实验的浓度范围，应先进行预备实验。

（1）单一污染物试验浓度的选择

根据污染物的化学性质，选择高、中、低三个实验浓度进行预备实验，以期得到产生接近100%和0%发光率的浓度，再在产生接近100%～0%发光率的污染物浓度中间增设3～5个实验浓度，或按等对数间距取3～5个实验浓度。另设一个空白对照。

（2）综合废水实验浓度的选择

以采集的原综合废水为最高浓度。以逐级10倍稀释法，选择中、低浓度进行预备实验，获得接近100%和0%发光率的废水浓度范围。再在接近100%～0%之间增设3～5个浓度，另设一个空白对照（蒸馏水）进行正式实验。综合废水一般采用百分（%）浓度。

7.4.4　生物发光光度法测定

（1）先开启生物毒性测试仪进行预热。

（2）将污染物配成5个等对数梯度浓度，各取1.5mL加入具塞磨口比色管（生物毒性测试仪专用比色管）中，以1.5mL浓度为3%的NaCl溶液为空白对照。

（3）将培养好的发光菌菌液2mL，用适量3%的NaCl溶液稀释（控制空白对照管发光强度读数700～800），磁力搅拌混合均匀后，分别取0.5mL于各比色管中，或将明亮发光杆菌T3变种冻干粉复苏液10μL分别加入测试样品中，在15～20℃下加塞上下振荡10次，去塞，放置15min后，用生物毒性测试仪测定光强度。

二维码7-3　生物发光光度法测定污染物

（4）样品管与对照管发光强度的比值即为相对发光率，将污染物浓度和相对发光率做线性回归，用直线内插法求出相对发光率为50%时所对应的污染物的浓度，即为EC_{50}。

7.5　结果与讨论

（1）以待测物浓度（mg/L）的对数为横坐标，以相对发光率（%）为纵坐标绘制关系曲线图，并且求出待测物的回归直线方程$\bar{y}=b\bar{x}+a$和相关系数r。

（2）评定待测物的毒性级别。

$$相对发光率(\%)=\frac{对照发光强度-样品发光强度}{对照发光强度}\times100\%\qquad(7\text{-}1)$$

相对发光率70%为低毒，50%为中毒，30%为高毒，0%为剧毒。

（3）如何提高实验的重复性和稳定性？

7.6　注意事项

（1）实验前判断发光菌是否符合测试要求。

（2）平行或批处理样品时，应注意处理与测试操作时间的一致性。

参考文献

[1]　国家环境保护局，国家技术监督局.水质　急性毒性的测定　发光细菌法（GB/T 15441—1995）.北京：国家环境保护局，1995.

[2]　孔志明，杨柳燕，尹大强，等.现代环境生物学实验技术与方法.北京：中国环境科学出版社，2005.

[3]　朱文杰，郑天凌，李伟民.发光细菌与环境毒性检测.北京：中国轻工业出版社，2009.

[4]　李彬，李培军，王晶，等.重金属污染土壤毒性的发光菌法与斜生栅藻法诊断.土壤通报，2003，（5）：448-451.

[5]　马勇，黄燕，贾玉玲，等.发光细菌急性毒性测试方法的优化研究.环境污染与防治，2010，32（11）：48-52.

实验八
污染物对斑马鱼胚胎发育的影响

8.1 实验目的

(1) 通过实验，了解斑马鱼的培养条件和方法；

(2) 通过实验，了解斑马鱼胚胎发育各个阶段的形态特征；

(3) 通过污染物对斑马鱼胚胎的致毒机理，评价污染物在环境中的危害；

(4) 通过观测斑马鱼胚胎多种畸形情况，能够简单评价污染物的生物效应。

8.2 实验原理

现今，水环境受到污染，水质不断恶化，对鱼类等水生生物产生较强的毒害作用。水污染在危害鱼类等水生生物的同时，也危害着人类的健康安全。鱼类对水环境的变化十分敏感，可以通过其对水质变化所产生的反应来评价水体中毒性物质对生物的影响，进而评价毒性物质对人类健康的影响。

众所周知，鱼类生命早期发育阶段通常对毒物的影响最敏感。不同化合物在胚胎发育的不同阶段（如卵裂、囊胚、原肠胚、成体节等阶段）内不仅毒性作用表征不同，而且敏感度也会有所改变。所以研究不同发育阶段可以为化合物毒理学研究提供特殊的信息，如毒物最敏感的毒理学终点和最关键的暴露时间等。

本实验选用斑马鱼（$Danio\ rerio$）作为受试生物。斑马鱼原产于孟加拉国和印度，又名斑马担尼鱼、蓝条鱼、花条鱼，是属于辐鳍亚纲鲤科短担尼鱼属的一种硬骨鱼。斑马鱼有与人类近似的毒性特征和信号传导通路，在遗传、生理和药理反应方面与人类的相似度高达87%。斑马鱼成鱼体长为3～4cm，孵出后3～4个月可达性成熟，其产卵不局限于特殊时期，斑马鱼胚胎体外受精，一条雌鱼每天最多产卵400个，受精率超过70%～80%。斑马鱼体外发育、胚体透明，从完整的活体可观察到所有内部器官和结构及其发育过程，利于操作。斑马鱼对水质的要求不高，在25～31℃范围内均可正常发育，斑马鱼体型小，饲养成本低，并且实验药物用量少。所以本实验选用斑马鱼胚胎实验。主要观测其在72h内的孵化率、死亡率及畸形率，以此了解污染物对斑马鱼胚胎发育的影响。

8.3 实验器材

8.3.1 实验仪器

自动控光控温水族箱、人工气候箱、产卵器、倒置显微镜、生物显微镜、多孔细胞培养

31

板、移液枪、烧杯、量筒。

8.3.2 实验动物

成年斑马鱼，购于花鸟鱼虫市场。

8.3.3 实验试剂

（1）污染物：砷酸钠（$Na_2HAsO_4 \cdot 12H_2O$）。

（2）其他药品：标准胚胎培养液（E3 培养液）。其配制方法为：称取 NaCl 2.867g、KCl 0.127g、无水 $CaCl_2$ 0.365g、$MgSO_4$ 0.817g，溶于去离子水，定容至 1L。

8.4 实验步骤

8.4.1 驯化与培养

成年斑马鱼购于花鸟鱼虫市场，斑马鱼饲养在人工气候箱或水族箱内，温度控制在 28～30℃，电导率在 (500～750)μS/cm±50μS/cm，pH 在 (6.9～7.5)±0.5，溶解氧饱和度等于或高于 95%，光周期为 14h/10h 进行明暗交替，光强度 1000lx。每天喂食 2 次冷冻摇蚊幼虫。驯养两周使斑马鱼充分适应实验室环境。

8.4.2 鱼卵收集

实验前一天晚上，取状态良好、体格健壮的斑马鱼放于产卵盒中，雄鱼与雌鱼的数量比例为 2:1（产卵条件同培养条件）。用隔板将雌雄分开，遮光处理，为防止成年斑马鱼跳出，应用有孔的盖板覆盖在产卵盒上。将产卵盒放入人工气候箱中培养，温度控制在 28～30℃。实验当天早上给光，待开灯后立即去掉隔板，其后约 30min，雌鱼开始产卵并完成体外受精过程，1h 后开始收集斑马鱼鱼卵。

8.4.3 鱼卵选择

用虹吸管将掺杂在鱼卵中的粪便等剔除后，再用斑马鱼 E3 培养液反复清洗两次，在体视显微镜下来区别受精卵和未受精卵，挑选受精完全的斑马鱼胚胎用于实验。

8.4.4 染毒

用 E3 培养液配制浓度为 0.01mg/L、0.1mg/L、1mg/L、10mg/L、100mg/L 的砷酸钠溶液。每个浓度的砷酸钠溶液为一个实验组，另设 E3 培养液为空白对照组，每个浓度溶液放置 20 枚胚胎。

8.4.5 观察与记录

选用 72h 内各个发育阶段受精卵进行实验。将胚胎放置于 96 孔细胞培养板中，每孔放置一枚胚胎，每孔中加入溶液 200μL。每组设 3 个平行。将 96 孔板置于人工气候箱中，温度为30℃。定时用显微镜在4倍视野下观察斑马鱼发育过程中的死亡和畸形情况，以仔鱼无心跳和无血液循环以及失去自主运动作为死亡的标准；以心包囊水肿、卵黄囊水肿、尾畸、背畸、眼点发育停止等作为畸形标准。记录斑马鱼胚胎的孵化情况，以胚胎脱离绒毛膜作为成功孵化的标准。最终统计各组斑马鱼仔鱼的孵化率、死亡率和畸形率。记录不同浓度溶液中斑马鱼胚胎在72h时内各个阶段的孵化率、死亡率和畸形率；并按照毒理学指标（表8-1、表8-2），在胚胎发育的各个不同阶段观察和记录斑马鱼胚胎的发育情况。并对典型特征进行拍照（如表8-3及对应照片，表8-4及对应照片）。

二维码8-1　斑马鱼驯养、鱼卵收集与选择、染毒及观察

计算方法如下：

$$胚胎孵化率(\%)=\frac{胚胎孵化数}{胚胎总数}\times100\% \tag{8-1}$$

$$胚胎存活率(\%)=\frac{胚胎存活数}{胚胎总数}\times100\% \tag{8-2}$$

$$胚胎畸形率(\%)=\frac{胚胎畸形数}{胚胎总数}\times100\% \tag{8-3}$$

表8-1　72h内可观察的毒理学指标

染毒时间/h	毒理学终点	染毒时间/h	毒理学终点
4	卵凝结、囊胚发育	24	尾部延展、20s内主动活动、眼点发育
8	外包活动阶段	36	心跳速率、血液循环
12	原肠胚终止、胚孔关闭	48	黑素细胞发育、心率、耳石发育
16	尾部脱离卵黄、体节数	72	孵化率、畸形率

表8-2　不同类型的指标

Ⅰ类指标	Ⅱ类指标	Ⅰ类指标	Ⅱ类指标
卵凝结	体节数显著减少	尾部无延伸	心率显著减少
不开始原肠胚作用	无血液循环	无心跳	耳石不发育
原肠胚作用不终止	眼点不发育	48h后无主动运动	黑素细胞不发育
无体节	24h后无主动运动	无孵化	各种畸形、孵化延迟

注：Ⅰ类指标代表致死性，Ⅱ类指标代表化合物特定的作用方式。

表8-3　实验中斑马鱼胚胎的正常发育过程

发育时间/h	<4	<4	<4
毒理学终点	囊胚发育 8个细胞	囊胚发育 16个细胞	囊胚发育
图片			

发育时间/h	4	6	8
毒理学终点	囊胚发育	原肠胚发育	原肠胚发育 70%外包
图片			

发育时间/h	12	16	24
毒理学终点	原肠胚发育 100%外包	体节、眼点和尾部 从卵黄囊分开	尾部伸展 20s 主动运动
图片			

发育时间/h	36	48	72
毒理学终点	心跳，尾部 血液循环	心跳 35~40 次/15s， 色素发育	孵化
图片			

表 8-4 实验中斑马鱼胚胎的异常发育情况

情况描述	未受精	未受精	囊胚发育异常
图片			

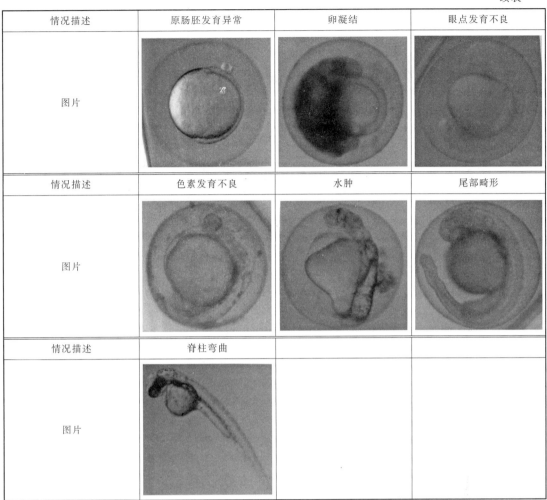

情况描述	原肠胚发育异常	卵凝结	眼点发育不良
图片			
情况描述	色素发育不良	水肿	尾部畸形
图片			
情况描述	脊柱弯曲		
图片			

8.5　结果与讨论

（1）按表 8-5 记录并计算 72h 内不同阶段污染物对斑马鱼胚胎实验数据。

表 8-5　暴露在不同浓度砷酸钠溶液中斑马鱼胚胎的发育情况

指标	砷酸钠浓度/(mg/L)					
	0	0.01	0.1	1	10	100
胚胎孵化率						
胚胎畸形率						
胚胎死亡率						

（2）对所有毒理学终点实验数据进行概率单位分析，计算 EC_{50} 和 LC_{50}、95% 置信区间。

（3）为什么鱼类生命早期发育阶段对污染物作用最敏感？

参考文献

［1］ 陈粉丽，张松林，李运彩.斑马鱼胚胎毒理学研究进展.湖北农业科学，2010，49（6）：1484-1486.

［2］ 王佳佳，徐超.斑马鱼及其胚胎在毒理学中的实验研究与应用进展.生态毒理学报，2007，2（2）：125-127.

［3］ 张红翠，王晓伟.斑马鱼胚胎和肿瘤细胞评价细胞毒性药物活性比较研究.现代生物医学进展，2012，12（27）：5215-5216.

［4］ 李琳，梁辉，陈俗汝，等.不同亚硝酸盐对斑马鱼胚胎发育的急性毒性效应.水产学杂志，2020，33（3）：55-60.

实验九
重金属离子对植物体内抗氧化酶活性的影响

9.1 实验目的

（1）学习和掌握抗氧化酶测定的原理及方法；

（2）通过对抗氧化酶（SOD、CAT、POD）活性与污染物之间相关性的测定，认识抗氧化酶分析法在环境生物学研究中的应用意义；

（3）通过污染物对植物体内抗氧化酶活性的影响评价其生态毒性。

9.2 实验原理

近年来，由于工业三废的不适当排放和污水灌溉，使得大量重金属进入土壤-植物生态系统，不仅影响到作物的生长发育，而且影响到作物的品质和产量。金属离子是主要的环境毒性因子，对植物有明显的毒害与诱变作用。重金属离子进入植物体内后可诱导产生大量的活性氧自由基，使活性氧代谢失调，造成膜脂过氧化损伤，酶系遭到不同程度的破坏，引起蛋白质和核酸等生物大分子变性，最终导致细胞凋亡。植物体内的超氧化物歧化酶（SOD）、过氧化氢酶（CAT）和过氧化物酶（POD）是一类重要的抗氧化酶，在清除重金属等诱导产生的氧自由基和过氧化物、抑制膜脂过氧化、保护细胞免遭伤害等方面起着重要作用。抗氧化酶不仅可以作为监测环境污染物胁迫的生物标记物，同时也能从一个侧面揭示污染物对植物的毒害机理。

邻苯三酚在碱性条件下能迅速自氧化，释放出 O^{2-}，生成带色的中间产物。中间产物的积累在滞留 $30 \sim 40s$ 后与时间呈线性关系，其反应开始后，先变成黄绿色，几分钟后转为黄色，线性时间维持在 $3 \sim 4min$。加入酶液则抑制其自氧化速度，在 $325nm$ 处测定溶液的吸光度。酶活性单位采用 $1mL$ 反应液中每分钟抑制邻苯三酚自氧化速率达 50% 时的酶定量为一个活力单位。

H_2O_2 对 $240nm$ 波长的紫外光具有强吸收作用，过氧化氢酶（CAT）能催化 H_2O_2 分解成 H_2O 和 O_2，因此在反应体系中加入 CAT 时会使反应液的吸光度（A_{240}）随反应时间降低，根据 A_{240} 的变化速率可计算出 CAT 的活性。

以愈创木酚为底物，在过氧化物酶（POD）催化下，H_2O_2 将愈创木酚氧化成茶褐色产物。此产物在 $420nm$ 波长处有最大吸收值，故可通过测 $420nm$ 波长下的吸光度变化测定过氧化物酶的活性。

本实验通过金属离子对小麦幼苗叶片中 SOD、CAT 和 POD 活性的影响，了解重金属胁迫与植物体内抗氧化酶变化的关系，了解植物生长代谢过程中适应和抵御外界不良环境因素的损伤等。

9.3 实验器材

9.3.1 实验仪器

紫外-可见分光光度计、台式冷冻离心机、恒温水浴锅、电子天平、精密酸度计、振荡器、移液枪（枪头）、移液枪架、25mL 容量瓶、10mL 具塞比色管、离心管、研钵、人工气候箱、玻璃培养皿（90mm）、定性滤纸、剪刀、滴管、镊子、小不锈钢盆、冰块、记号笔。

9.3.2 实验材料

实验材料可选用小麦、大麦、水稻等新鲜叶片。

9.3.3 实验试剂

污染物：硝酸银溶液（硝酸银溶液用去离子水配制，浓度以纯银离子计，Ag^+ 浓度分别为 0.1mg/L、1mg/L、10mg/L）。

9.4 实验步骤

9.4.1 实验材料培养与处理

实验采用水培实验方法。选取饱满、大小均匀的小麦种子，用 15% 的 H_2O_2 溶液浸泡消毒 15～20min，经蒸馏水反复冲洗干净，28℃ 温水浸种 5h 后，置于铺有 2 层滤纸的 90mm 的玻璃培养皿中，每个培养皿放置 20 粒小麦种子，置于 25℃ 人工气候箱中培养萌发，光周期为 12h/12h 进行明暗交替，光强度 2000lx。待种子露白后，分别加入 0.1mg/L、1mg/L、10mg/L 硝酸银溶液 10mL，对照用去离子水处理，每处理组设 3 个平行样。培养至第 7 天时分别取样进行分析。

9.4.2 超氧化物歧化酶活性测定

采用邻苯三酚自氧化法。

（1）试剂配制

① pH 7.8、0.05mol/L 的磷酸缓冲液：A 液，称取 17.9g 的 $Na_2HPO_4 \cdot 12H_2O$ 于容量瓶中定容至 1L；B 液，称取 7.8g 的 $NaH_2PO_4 \cdot 2H_2O$ 于容量瓶中定容至 1L。取 A 液 91.5mL、B 液 8.5mL 混匀得到 pH=7.8、浓度 0.05mol/L 的磷酸缓冲液。

② C 液：pH=8.20、浓度 0.1mol/L 的三羟甲基氨基甲烷（Tris）-盐酸缓冲液（内含 1mmol/L $EDTANa_2$）。其配制方法为，称取 1.2114g 的 Tris 和 37.2mg 的 $EDTANa_2$ 溶于 62.4mL 浓度为 0.1mol/L 的盐酸溶液中，用蒸馏水定容至 100mL。

③ 0.1mol/L 盐酸溶液：量取 2.1mL 浓度 12mol/L 的盐酸，蒸馏水定容至 250mL。

④ 10mmol/L 盐酸溶液：量取 10mL 浓度为 0.1mol/L 的盐酸，蒸馏水定容至 100mL。

⑤ D 液：4.5mmol/L 邻苯三酚盐酸溶液。其配制方法为，称取邻苯三酚（AR）

56.7mg 溶于少量的 10mmol/L 的盐酸溶液，并定容至 100mL，冷藏于棕色容量瓶内。

（2）酶液制备

称取叶片 0.5g，置于已冰浴预冷的研钵中研磨，加入 3mL 浓度为 0.05mol/L 且在 4℃下预冷的 pH＝7.8 磷酸缓冲液，加入少量石英砂，继续在冰浴中研磨成匀浆后，转入 25mL 容量瓶中，并用缓冲液冲洗研钵数次，合并冲洗液，并定容到刻度。混合均匀将容量瓶置于 4℃冰箱中静置 10min，取上部澄清液于 4℃下 15000r/min 离心 15min，上清液即为 SOD 粗提液。取部分上清液经适当稀释后用于酶活性测定。

（3）邻苯三酚自氧化速率测定

10mL 比色管置于 25℃恒温水浴锅中，于比色管中依次加入 C 液 2.35mL，磷酸缓冲液 2.00mL，D 液 0.15mL。加入 D 液后立即混合均匀并倾入比色皿，分别在 325nm 波长条件下测定初始时和 1min 后吸光度，二者之差即邻苯三酚自氧化速率 ΔA_{325}（min^{-1}）。

（4）样液抑制邻苯三酚自氧化速率测定

样液抑制邻苯三酚自氧化速率测定按照步骤（3），分别加入一定量样液，使样液抑制邻苯三酚自氧化速率约为 1/2ΔA_{325}（min^{-1}），即 $\Delta A'_{325}$（min^{-1}）。做平行并测定。

试剂加入顺序如表 9-1 所示。

表 9-1　SOD 活性测定加样表

试液	C 液/mL	磷酸缓冲液/mL	酶提取液/mL	D 液/mL
空白	2.35	2	0	0.15
1	2.35	1.5	0.5	0.15
2	2.35	1.5	0.5	0.15

$$\text{SOD 活力（U/g）} = \frac{\frac{\Delta A_{325} - \Delta A'_{325}}{\Delta A_{325}} \times 100\%}{50\%} \times 4.5 \times \frac{D}{V} \times \frac{V_1}{m} \qquad (9\text{-}1)$$

式中，SOD 活力为 SOD 酶活力，U/g；ΔA_{325} 为邻苯三酚自氧化速率；$\Delta A'_{325}$ 为样液或 SOD 酶液抑制邻苯三酚自氧化速率；V 为所加酶液或样液体积，mL；D 为酶液或样液的稀释倍数；V_1 为样液总体积，mL；m 为样液质量，g；"4.5"为反应液总体积，mL。计算结果保留三位有效数字。

9.4.3　过氧化氢酶活性测定

采用紫外吸收法。

（1）试剂配制

① 0.2mol/L 磷酸缓冲液（pH 7.8）：取 A 液（Na_2HPO_4）61.0mL 和 B 液（NaH_2PO_4）39.0mL 混合后至 100mL，加 1g 聚乙烯吡咯烷酮（PVP）。

② 0.1mol/L 的 H_2O_2 反应液：吸取 5.68mL 浓度为 30% 的 H_2O_2（原液）稀释至 1000mL，摇匀即可（此溶液一般临用前配制，或冰箱内短时间保存）。

（2）酶液制备

称取叶片 0.5g 置于已冰浴预冷的研钵中研磨，研钵中研磨，加入 2～3mL 4℃下预冷的 pH＝7.8 磷酸缓冲液和少量石英砂研磨成匀浆后，转入 25mL 容量瓶中，并用缓冲液冲洗研钵数次，合并冲洗液，并定容到刻度。混合均匀将量瓶置于 4℃冰箱中静置 10min，取上部澄清液在 10000r/min 离心 15min，上清液即为过氧化氢酶粗提液。4℃下保存备用。

（3）样品测定

取 10mL 具塞比色管 3 支，其中 2 支为样品测定管，1 支为空白管（空白管加入酶液后在沸水中煮沸 5～10min，冷却之后加入 H_2O_2 测定吸光度），按表 9-2 顺序加入试剂。将比色管置于 25℃恒温水浴中预热后，逐管加入 0.3mL 浓度为 0.1mol/L 的 H_2O_2 反应液，每加完一管立即计时，并迅速倒入石英比色皿中，240nm 下测定吸光度，每隔 30s 读数 1 次，共测 3min，待 3 支比色管全部测定完后，用 pH＝7.8 磷酸缓冲液调零。按下式计算酶活性。

表 9-2　CAT 活性测定加样表

试管号	酶粗提液/mL	pH 7.8 磷酸缓冲液/mL	蒸馏水/mL
S_0	0.2	1.5	1.0
S_1	0.2	1.5	1.0
S_2	0.2	1.5	1.0

（4）酶活性计算

以 1min 内 A_{240} 减少 0.1 的酶量为 1 个酶活性单位（U）。

$$过氧化氢酶活性[U/(g \cdot min)]＝\frac{A_{240} \times V_t}{0.1 \times V_1 \times t \times FW} \tag{9-2}$$

式中，$A_{240}＝A_{S_0}－(A_{S_1}＋A_{S_2})/2$；$A_{S_0}$ 为加入煮沸酶液的对照管吸光度；A_{S_1}、A_{S_2} 为样品管吸光度；V_t 为粗酶提取液总体积，mL；V_1 为测定用粗酶液体积，mL；FW 为样品鲜重，g；"0.1"，A_{240} 每下降 0.1 为 1 个酶活性单位（U）；t 为加过氧化氢到最后一次读数时间，min。计算结果保留三位有效数字。

9.4.4　过氧化物酶活性测定

采用愈创木酚比色法。

（1）试剂配制

① 0.2mol/L 磷酸缓冲液（pH＝6.0）：分别取 61.5mL 的 A 液（Na_2HPO_4）和 438.5mL 的 B 液（NaH_2PO_4）混合后至 500mL。

② 反应混合液配制

取 50mL 磷酸缓冲溶液（0.2mol/L，pH＝6.0），加入 28μL 愈创木酚（2-甲氧基酚）于磁力搅拌器上加热搅拌，直至愈创木酚溶解，待溶液冷却后，加入 19μL 浓度为 30% 的 H_2O_2，混合均匀（H_2O_2 要在反应开始前加入，不能直接加入）。此溶液一般临用前配制，可冰箱内短时间保存。

（2）酶液制备

称取叶片 0.5g，放入已冰浴预冷的研钵中研磨，加适量磷酸缓冲液研磨至匀浆，以 8000r/min 离心 10min，取上清液转入 25mL 容量瓶中，残渣再用磷酸缓冲液冲洗研钵数次，合并冲洗液，并定容到刻度。储存于冷处备用。注意：酶液制备的整个过程要尽量在低温条件下进行。

（3）测定

取 3 支 10mL 具塞比色管，一支取 3mL 反应液并加入磷酸缓冲液 1mL 作为校零对照，两支取 3mL 反应液并加入 1mL 酶液（如酶活性过高可稀释），立即计时，在 420nm 下测定吸光度，每隔 30s 读数一次，连续读数 6 次。测一个样加一个，不要全部加上。边加样边测定，测定前等待 5～10s，动作要快，如果慢的话，要保证每个样品从加好样到开始计时的时间相差相等或不大。直至 OD 大于 1.000。

试剂加入顺序如表 9-3 所示。

表 9-3　POD 活性测定加样表

试管号	反应液/mL	磷酸缓冲液/mL	酶提取液/mL
空白	3.0	1.0	0
1	3.0	1.0	1.0
2	3.0	1.0	1.0

（4）酶活性计算

以每分钟 A_{470} 变化（升高）0.01 为 1 个酶活性单位（U）。

$$POD[U/(g \cdot min)] = \frac{\Delta A_{420} \times V_t \times 稀释倍数}{W \times V_s \times 0.01 \times t} \tag{9-3}$$

式中，ΔA_{420} 为反应时间内吸光度的变化；W 为植物叶片鲜重，g；t 为反应时间，min；V_t 为提取酶液总体积数，mL；V_s 为测定时取用酶液体积数，mL。计算结果保留三位有效数字。

9.5　结果与讨论

（1）简要叙述酶液提取及其保存方式。

（2）测定酶的活力要注意控制哪些条件？

（3）抗氧化酶在植物代谢中的意义是什么？并对污染物的生态毒性进行评价。

参考文献

［1］高俊凤.植物生理学实验指导.北京：高等教育出版社，2006.

［2］王学奎.植物生理生化实验原理和技术.北京：高等教育出版社，2006.

［3］贾红玉，王亚森，田晓辉，等.邻苯三酚自氧化法在 SOD 活性测定中的应用.河北大学学报（自然科学版），2018，38（3）：284-290.

［4］程艳，陈璐，米艳华，等.水稻抗氧化酶活性测定方法的比较研究.江西农业学报，2018，30（2）：108-111.

［5］龚屾，石英，韩毅强，等.提取缓冲液 pH 值对植物组织中 SOD、POD 和 CAT 酶活性的影响.黑龙江八一农垦大学学报，2017，29（2）：8-12.

实验十
蚯蚓急性毒性试验

10.1 实验目的

（1）通过本试验，了解赤子爱胜蚓的培养条件及基本养殖方法，并了解其基本形态特征；

（2）通过本试验，掌握蚯蚓急性毒性试验的基本技术和方法，并掌握全部染毒培养条件；

（3）了解评价环境中污染物对土壤中动物急性伤害的标准和基本步骤；

（4）通过污染物对蚯蚓的半致死浓度 LC_{50} 值，对污染物的生态毒理效应进行评价。

10.2 实验原理

蚯蚓在自然生态系统中是污染物从土壤到食物链高营养级转移的重要环节之一，是陆生生物与土壤生态传递的桥梁。当土壤被各类化学品污染后，必将对蚯蚓的生存、生长、繁殖产生不利影响，甚至死亡。因此，利用蚯蚓指示土壤污染状况，已被作为土壤污染生态毒理诊断的一项重要指标。

赤子爱胜蚓（*Esisenia foelide*）是我国分布很广泛的一种蚯蚓，个体较小，是人工养殖的常见种。与其他蚯蚓相比，它的抗寒性和耐热性较好，具有中等的敏感性，并且生命周期短，繁殖快，易于培养。因此是国内外进行毒性试验常见的品种。

本试验包括滤纸接触法毒性试验和人工土壤试验两个部分。

滤纸接触法毒性试验简单易行，一般用于对受试物毒性进行初筛。将蚯蚓与湿润的滤纸上的受试物进行接触，通过测定 24h 及 48h 蚯蚓的死亡率，估测土壤中受试物对蚯蚓的潜在影响，并为进一步的毒性试验提供数据基础。

人工土壤试验系统可以在最大限度模拟自然环境的前提下，提出过多的影响因子。通过测定在含有受试物的人工土壤中生活 7 天和 14 天的蚯蚓的死亡率，可以较客观地评价受试物对蚯蚓的急性毒性作用。

10.3 实验器材

10.3.1 实验仪器

木箱、1L 敞口玻璃标本瓶、平底玻璃试管（3cm×8cm）、中性滤纸、人工气候箱或培养箱、电子天平、封口膜、移液枪、烘箱、吹风机、镊子、洗瓶、白瓷盘。

10.3.2 实验材料

赤子爱胜蚓购自网络平台，将赤子爱胜蚓置于 $50cm \times 50cm \times 15cm$ 的木质饲养箱中，盖好盖子置于人工气候箱在人工土壤中培养，在 20℃、pH＝6.5 左右、光照强度 $400 \sim 800lx$、光周期 12h/12h、湿度 60％条件下进行培养驯化 2 周以上。

试验前选择体重在 $300 \sim 600mg$ 的成熟健康个体。先将其置于白瓷盘上铺的一层湿润的滤纸上，放置 3h 以上，以排出肠内的内含物。试验正式开始前，用去离子水冲洗干净，再用滤纸将水分擦干并称重，最后将蚯蚓放入试验用试管中待用。

10.3.3 实验试剂

（1）人工土壤组成（干重）

① 10％干牛粪（pH＝5.5～6.0，无明显植物残体，磨细，风干，测定含水量）。

② 20％高岭黏土（含有 50％以上高岭土）。

③ 70％石英砂（0.05～0.2mm 粒径的石英砂颗粒在 50％以上）。

调节 pH 为 6.5±0.5。混合人工土壤的各个组成成分，取少量样品置于 105℃条件下烘干称重，测定其含水量。加入蒸馏水使其含水量达到干重的 25％～42％，混合均匀。混合物不能过湿，当挤压人造土壤时不能有水分出现。

（2）试剂：丙酮、盐酸、去离子水。

10.4 实验步骤

10.4.1 滤纸试验

（1）预备试验

通过大范围浓度筛选的预备试验，找到全部致死和无死亡效应的浓度范围，然后根据最大耐受浓度和全部致死的浓度阈值设置各污染物的正式滤纸染毒剂量。在正式试验中，污染物染毒剂量设定 4 个水平。预备试验的方法与培养条件与正式试验相同。

（2）正式试验

采用长 8cm、直径 3cm 的平底玻璃管。玻璃管内壁衬铺滤纸，滤纸大小应合适，以铺满管壁而不重叠为宜，然后取 1mL 预先溶解各供试浓度污染物的丙酮溶液，滴加至玻璃试管中的滤纸上，使溶液均匀分布于滤纸上。然后将染毒后的玻璃试管放入通风橱中，待滤纸上的丙酮溶剂挥发完全后，再滴加 1mL 去离子水润湿滤纸。为了防止供试污染物等挥发，可用封口膜封住试管口。最后将试管置于人工气候箱，在温度（20±1）℃、湿度 75％、光照周期为 12h/12h 的条件下培养。设置去离子水空白对照和溶剂丙酮对照。每支试管中放置一条供试蚯蚓，处理及对照各设置 10 个重复。分别于 24h 和 48h 观察记录蚯蚓的存活状况，将死亡的蚯蚓及时移除。蚯蚓的前尾部对轻微的机械刺激没有反应即判断蚯蚓死亡，同时观测蚯蚓的病理症状和行为，如有大量黄色体腔液渗出、炎症及出血等生理症状则定义为蚯蚓生命迹象衰弱，无明显症状的蚯蚓定义为正常。试验结束时空白对照组蚯蚓的死亡率不能超过 10％。

10.4.2 人工土壤试验

（1）预备试验

在正式试验前，一般需要进行浓度范围选择试验。浓度梯度应以几何级数设计，如 0.01mg/kg、0.1mg/kg、1.0mg/kg、10mg/kg、100mg/kg 和 1000mg/kg（人工土壤的干重）。正式试验应设至少 5 个浓度梯度组及空白对照，浓度范围应包括使生物无死亡发生和全部死亡的两组浓度，每一处理组应有 5 个重复。

受试蚯蚓在用于试验前需在人工土壤环境中饲养 24h，并在试验前冲洗干净。

（2）正式试验

将受试物融于去离子水，然后与人工土壤混合，倘若受试物不溶于水，可用丙酮等有机溶剂溶解，若受试物既不溶于水又不溶于有机溶剂，可将一定量的受试物与石英砂混合，其总量为 10g，然后在试验容器内与 990g（湿重）的人工土壤混合。在每个 1L 玻璃瓶中加入 1kg（湿重）的试验介质和 10 条蚯蚓。用封口膜扎好瓶口。将玻璃瓶置于（20±1）℃、湿度 75%、光照周期为 12h/12h 的条件下培养，保证试验期间蚯蚓生活在试验介质中。

试验共进行 14 天。在第 7 天和第 14 天，将玻璃瓶中的试验介质轻轻倒入一白瓷盘中，取出蚯蚓，检验蚯蚓前尾部对机械刺激的反应。

试验结束时，测定和报告试验介质中的含水量；试验结束时空白对照组蚯蚓的死亡率不能超过 10%。

10.5　结果与讨论

（1）数据处理

将死亡率和受试物浓度数据在对数-概率纸上作图，计算 LC_{50} 和置信限，也可使用其他概率计算方法。

（2）实验报告

实验报告应包括以下内容：受试物的基本物化性质，试验动物的饲养条件等。试验条件包括温度、湿度、光照强度、试验介质的成分组成和制备条件、试验结果报告。

① 试验动物

名称	年龄
体长	饲养条件
体重	

② 受试物

名称	挥发性
来源	施用方法
溶解度	

③ 试验条件

温度		pH	
湿度		光照强度	

④ 试验介质

成分		pH	
含水量			

⑤ 实验报告

试验时间	LC$_{50}$	温度	湿度	浓度	试验动物数	死亡数	死亡率

（3）通过数据处理和实验结果对污染物的生态毒性进行分析评价。

（4）为什么可以选择赤子爱胜蚓作为监测土壤环境污染的受试生物？还有哪些指示生物可用于土壤污染的监测评价？

参考文献

[1] 孙铁珩，李培军，周启星，等.土壤污染形成机理与修复技术.北京：科学出版社，2005.
[2] 孟紫强.生态毒理学原理与方法.北京：科学出版社，2006.
[3] 刘庆余.生物科学实验技术.天津：南开大学出版社，2013.
[4] 朱江，李志刚，杨道丽，等.Hg 对赤子爱胜蚓的急性毒性效应研究.上海应用技术学院学报（自然科学版），2011，11（2）：95-99.
[5] 伏小勇，秦赏，杨柳，等.蚯蚓对土壤中重金属的富集作用研究.农业环境科学学报，2009，28（1）：78-83.

实验十一
BCA 法测定蛋白质含量

11.1　实验目的

（1）学习 BCA 法测定蛋白浓度的基本原理；

（2）掌握 BCA 法测定蛋白的技术；

（3）了解 BCA 法测蛋白的优缺点。

11.2　实验原理

蛋白质属于生物大分子之一，蛋白质分子量颇大，介于一万到百万间，故其分子的大小已达到胶粒 $1\sim100nm$ 范围之内（胶体质点的范围）。

BCA 法（Bicinchonininc Acid，双喹啉-4-羧酸，二辛可酸）实验以双缩脲反应为基础，具有与肽反应的优势。与双缩脲法相比该方法更加敏感，不容易受干扰。其原理是在碱性条件下蛋白质与 Cu^{2+} 络合，并将其还原成 Cu^+。Cu^+ 和 BCA 试剂反应，使其由原来的苹果绿形成稳定的紫蓝色复合物（图 11-1）。该复合物在 $562nm$ 有强烈的光吸收，且吸光度和蛋白质浓度在广泛范围内有良好的线性关系，据此可测算蛋白质浓度。

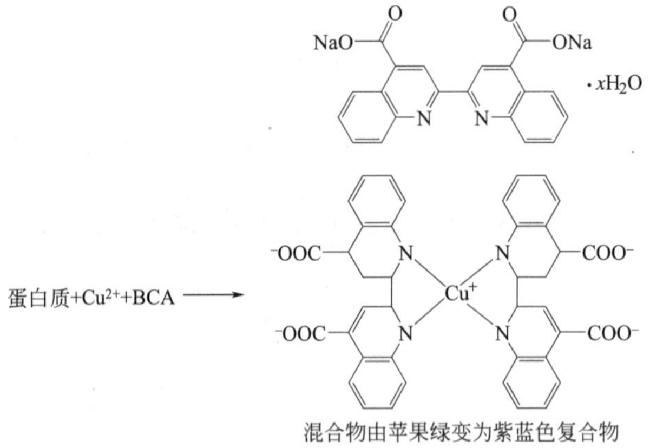

蛋白质+Cu^{2+}+BCA ⟶ 混合物由苹果绿变为紫蓝色复合物

图 11-1　二辛可酸结构式及 BCA 反应原理

11.3　实验器材

11.3.1　实验仪器

紫外-可见分光光度计、高速低温离心机、恒温水浴锅、低温冰箱、96 孔板、移液枪、试管、容量瓶、试剂瓶、试管。

11.3.2　实验试剂

双喹啉-4-羧酸（BCA）、牛血清白蛋白、氢氧化钠、无水碳酸钠、酒石酸钠、碳酸氢钠、硫酸铜。

（1）1mol/L NaOH 溶液：称取 4.0g NaOH 溶于 100mL 水中，储存于试剂滴瓶中。

（2）配制溶液 A：在 100mL 烧杯中加入 50mL 去离子水，然后依次加入并溶解下列物质：1.0g 双喹啉-4-羧酸（BCA）、2.0g 无水碳酸钠、0.16g 酒石酸钠、0.4g NaOH、0.95g $NaHCO_3$。溶解后用之前配好的 NaOH 溶液调节 pH＝11.25，然后将溶液转入 100mL 容量瓶中定容。注意必须按照顺序加入并且在溶解后再加入下一物质。

（3）配制溶液 B：称取 1.0g 的 $CuSO_4 \cdot 5H_2O$，加入去离子水溶解并定容至 25mL。

（4）配制溶液 C：溶液 A 和溶液 B 按照 50：1 的比例（体积比）配制成溶液 C。溶液 A 和溶液 B 在室温下稳定，溶液 C 必须在使用前新鲜配制。15.3mL 溶液 C 由 15mL 溶液 A 和 0.3mL 溶液 B 配成。

（5）蛋白质标准液：准确称取 100mg 牛血清白蛋白，溶于 100mL 去离子水中，即为 1mg/mL 的 BCA 标准蛋白质溶液。

11.4　实验步骤

（1）标准曲线的绘制

准备 1.5mL 微离心管并标号 0～11。在每个小离心管中加入 950μL 的溶液 C，然后在标号从 1 到 11 的离心管中依次加入 0.5μL、1μL、2μL、3μL、4μL、5μL、10μL、20μL、30μL、40μL、50μL 浓度为 1mg/mL 的 BCA 标准蛋白质溶液，再加入一定体积的水，离心管溶液总体积为 1000μL，标号为 0 的离心管中加入 50μL 去离子水作为空白对照，参见表 11-1。溶液加入完毕后，将微离心管置于 37℃恒温水浴中 30 min，然后在 562nm 处测吸光度。以蛋白质含量为横坐标，吸光度为纵坐标绘制标准曲线，并得到标准方程。

表 11-1　BCA 法测蛋白浓度加样表

管号	BCA 标准蛋白质溶液/μL	溶液 C/μL	去离子水/μL
0	0	950	50
1	0.5	950	49.5
2	1	950	49
3	2	950	48
4	3	950	47
5	4	950	46
6	5	950	45
7	10	950	40
8	20	950	30
9	30	950	20
10	40	950	10
11	50	950	0

（2）样品测定

样品蛋白含量的测定过程和标准曲线一致。用测定管吸光度，在标准曲线上查找相应的蛋白质含量（μg），再计算出待测血清中蛋白质浓度（μg/μL）。当样品蛋白浓度超出标准曲线范围时先对样品进行稀释。

11.5 结果与讨论

（1）绘制标准曲线。

（2）以测定管吸光度值查找标准曲线，求出待测血清中蛋白浓度（μg/μL）。

（3）从标准管中选择一管与测定管光密度相接近的，求出待测血清中蛋白浓度（μg/μL）。

（4）蛋白质的测定方法还有哪些？比较这些方法与 BCA 法测蛋白浓度的优缺点。

11.6 注意事项

BCA 溶液 A 和 BCA 溶液 B 可室温保存，蛋白标准液需−20℃冷冻保存。

参考文献

［1］ 叶兆伟，李洵，王海燕，等.BCA 法测肺动脉高压大鼠肺动脉平滑肌 SR 膜蛋白浓度.时珍国医国药，2010，21（8）：2124-2125.

［2］ 黄韬，龙勉，霍波.BCA 法中蛋白和 BCA 竞争结合亚铜离子现象.青岛：第十次中国生物物理学术大会论文摘要集，2006：69-70.

实验十二
斑马鱼的苯酚急性毒性及半致死浓度测定

12.1 实验目的

（1）通过本实验，了解并掌握斑马鱼急性毒性实验的设计、驯养条件以及实验的操作步骤；

（2）通过本实验掌握急性毒性实验操作方法和结果判定；

（3）通过污染物对斑马鱼急性毒性作用，确定污染物的暴露浓度和暴露时间，并通过主要指标 LC_{50} 评价污染物毒性效应。

12.2 实验原理

毒性实验（Toxic Test）是指人为地设置某种致毒方式使受试生物中毒，根据实验生物的中毒反应来确定毒物毒性的实验方法。而急性毒性实验则是指在较短的时间内（通常为96h 或更短的时间），能引起实验生物死亡或剧烈损伤的一种实验方法。

急性毒性实验常采用下列术语和指标：

（1）半致死浓度（Median Lethal Concentration，LC_{50}），是指在规定时间内引起实验生物死亡一半的浓度。与其含义相同的一个概念是"平均耐受限"（Median Tolerance Limit），简称 TL_m。

（2）半数效应浓度（Median Effective Concentratian，EC_{50}），是指在一定时间内，实验生物的一半出现某种伤害效应（如失去平衡、发育异常或畸形等）的毒物浓度，以表示经毒物短期接触的亚致死毒性。在实际实验过程中，有些实验生物死亡与否的判定比较困难，此时可采用 EC_{50} 来表示，有助于结果的统一而增强可比性。显然，EC_{50} 的浓度一般会低于 LC_{50}，它是表示亚致死的毒性，不宜将其与 LC_{50} 相互比较。

（3）半致死剂量（Median Lethal Dose，LD_{50}），是指用口服或注射等方式致毒，在一定时间内致使生物死亡一半的剂量。

（4）半致死时间（Median Lethal Time，LT_{50}），是指在一定浓度下，实验生物死亡一半所需的时间。

由于急性实验时间不统一，而毒物的致死效应又与受试生物接触毒物的时间密切相关，因此，采用上述指标时应标明接触时间，如 24h LC_{50}、48h LC_{50}，或 96h LC_{50}。接触时间不同，LC_{50} 也不同。LC_{50} 不是一种对毒物的绝对的、定量的描述，它只是说明种群在一定时间、一定环境下对毒物的反应幅度。同一种受试生物，用不同的毒物进行实验，就会有不同的 LC_{50}。反之，毒物相同而受试生物不同，也会有不同的 LC_{50}。

本实验将在规定的条件下，使斑马鱼接触含不同苯酚浓度的水溶液，记录其 24h、48h、72h、96h 时的死亡率，确定 LC_{50}。

12.3 实验器材

12.3.1 实验容器

实验容器一般用玻璃或其他化学惰性材质制成的水族箱或水槽（可控温、控光）。容器体积可根据实验鱼的体重确定，通常以每升水中鱼的负荷不得超过 2g（最好为 1g）。也可选择 1000mL 或 2000mL 烧杯为实验容器。容器的深度必须超过 15cm，水体表面积越大越好。同一实验应采用相同规格和质量的容器。为防止鱼跳出容器，可在容器上加上网罩。实验容器使用后，必须彻底洗净，以除去所有毒性残留物。

12.3.2 实验仪器

人工气候箱、溶解氧测定仪、水硬度仪、温度控制仪、pH 计、分析天平、烧杯、量筒等。

12.4 实验材料

12.4.1 实验用水及水质条件

用来驯养和配制实验液的水，必须是未受污染的清洁水。一般可采用天然河水、湖水或地下水，但需要过滤以除去较大的悬浮物质。也可用自来水代替，但必须进行人工曝气或放置 24h 以上。如果实验的目的是评价工业废水或化学物质对受纳水体的影响，则最好采用受纳水体的污染源上游水作为实验用稀释水。蒸馏水不适合做稀释水，因为蒸馏水中已除去了自然界水中的盐类，与实际差距太大，另外由于蒸馏器的影响，有时蒸馏水中带有对鱼类不利的金属离子，影响实验结果。

实验用水的水质条件一般是指水的温度、pH、溶解氧、硬度、水中的有机物含量等。

（1）水温

实验过程中应保持斑马鱼原来的适应温度（26℃）。为使得实验结果可靠，在同一实验中，温度的波动范围不要超过 2℃（即 ±1℃）。冬天可以通过加热室内的空气温度而达到调节水温的目的，也可以采用电热棒直接控制和调节水温。

（2）pH

水体的 pH 不仅关系到鱼的代谢作用，也影响到毒物的毒性作用。因此，在实验中应维持 pH 在斑马鱼适宜的范围内。一般实验液的 pH 在 6.5～8.5 为宜。如需调节 pH，可用 1mol/L 的 HCl 或 0.1mol/L 的 NaOH 来调节受试物储备液的 pH。调节储备液的 pH 时不能使受试物浓度明显改变，或发生化学反应和沉淀。

（3）溶解氧

溶解氧是鱼类生存的必要条件，它能影响斑马鱼对毒物的敏感性。一般需要溶解氧在 4mg/L 以上，或氧饱和度＞80%。

（4）硬度

水的总硬度为 10～250mg/L（以 $CaCO_3$ 计）。

12.4.2　斑马鱼简介及驯养

本实验选用斑马鱼（*Danio rerio*）作为实验用鱼。斑马鱼是辐鳍亚纲（Actinopterygii）鲤科（Cyprinidae）暖水性（21～32℃）观赏鱼。斑马鱼身体延长而略呈纺锤形，头小而稍尖，吻较短，全身布满多条深蓝色纵纹，似斑马，与银白色或金黄色纵纹相间排列，纹路比较有条理，有红色斑马鱼和银蓝色斑马鱼两类。在水族箱内成群游动时犹如奔驰于非洲草原的斑马群，故此得斑马鱼之美称。

斑马鱼由于个体小（3～5cm），繁殖速度快，产卵量大，加之对水质要求不高，可以大规模繁育。另外，斑马鱼具有体外受精、体外发育、胚体透明等特点，而且与人类基因有着87%的高度相似性，现已成为最受欢迎的脊椎动物发育生物学模式生物之一。

实验用斑马鱼在实验前必须在实验室内经过驯养，使之适应实验室条件下的生活环境并进行健康选择。驯养过程应该在与实验相同水质、水温的水体中至少保持 7 天，使其适应实验环境，但驯养时间也不宜过长（<2 个月）。驯养期间，应每天换水，并喂食 1～2 次，但在实验前一天应停止喂食，以免实验时剩余饵料及粪便影响水质。驯养期间斑马鱼死亡率不得超过 5%，否则，可以认为这批斑马鱼不符合实验用鱼的要求，应继续驯养或者重新更换实验用鱼进行驯养。

实验前挑选健康的鱼，即选择体形正常、体色发亮、鱼鳞和鳍无破损、舒展自如、游动灵活、捕食敏捷、逆水性强、大小基本一致（同组鱼中体长最大与最小者之比应在 1.2～1.5）、无任何疾病异常行为、体长 3～5cm 的成熟亲鱼，将其饲养在经活性炭过滤并充分曝气的水体内。水温保持在（26±1）℃，pH 控制在 7.5±0.2，溶解氧维持在 6.0～7.5mg/L，总硬度为 68.0mg/L（以 $CaCO_3$ 计）。每日喂食 1～2 次经过消毒处理的冷藏红线虫，以 5min 内吃完饵料为基准，每次喂食 5min 后用虹吸管清除鱼缸内的杂物。驯养环境的光照/黑暗周期控制为 14h/10h。

12.5　实验步骤

12.5.1　预备实验

为确定正式实验所需浓度范围，预备实验时可选择较大范围的浓度系列，如 1mg/L、10mg/L、20mg/L、40mg/L、80mg/L、120mg/L、160mg/L。每个浓度放入 10 条鱼，可用静态方式进行，不设平行组，实验持续 24～96h。每日至少两次记录各容器内的死鱼数，并及时取出死鱼。求出 24h 时 100% 死亡浓度和 96h 无死亡浓度。空白对照组的斑马鱼死亡率在 4% 以下为实验正常。如果一次预备实验结果无法确定正式实验所需的浓度范围，应另选一浓度范围再次进行预备实验。

12.5.2　正式实验

正式实验时，每个实验浓度组应至少设 2～3 个平行，每一系列设一个空白对照。实验鱼的数目以每组实验浓度 10～20 尾合适，不得少于 10 尾。根据预备实验得出的结果，在包括使鱼全部死亡的最低浓度和96h鱼类全部存活的最高浓度之间，设置至少5个浓度组，并以指数关系分布。实验溶液调节至相应温度后，从驯养鱼群中随机取出并随机迅速放入各实验容器中。转移期间处理不当的鱼均应弃除。同一实验，所有实验用鱼应在30min内分组完毕。观察数算染毒后4h、8h、12h、16h、24h、36h、48h、72h、96h斑马鱼的死亡数，并分别用概率单位法、改良寇氏法、SPSS（Statistical Program for Social Sciences）统计软件计算不同污染物浓度、各个时间点的LC$_{50}$。

实验开始后应注意检查受试鱼的状况。如果没有任何肉眼可见的运动，如鳃的翕动，碰触尾柄后无反应等，即可判断该鱼已死亡。观察并记录死鱼数目后，将其从容器中取

二维码12-1　斑马鱼苯酚急性毒性实验操作

出。应在实验开始后3h或6h观察各处理组鱼的状况，并记录实验鱼的异常行为（如鱼体侧翻、失去平衡，游泳能力和呼吸能力减弱，色素沉积等）。

实验开始和结束时要测定pH、硬度、溶解氧和温度。实验期间，每天至少测定一次。至少在实验开始和结束时，测定实验容器中实验液的受试物浓度一次。实验结束时，对照组的死亡率不得超过4%。

12.6　结果与讨论

绘制暴露浓度对死亡率曲线，用直线内插法或常用统计程序计算出24h、48h、72h、96h的半致死浓度（LC$_{50}$）并评价其污染物毒性效应。

参考文献

[1]　国家环境保护总局，水和废水监测分析方法编委会.水和废水监测分析方法.北京：中国环境科学出版社，2002.
[2]　孔志明，杨柳燕，尹大强，等.现代环境生物学实验技术与方法.北京：中国环境科学出版社，2005.
[3]　孙中训，杜娟娟，周绍辉，等.苯酚对斑马鱼的抗氧化酶活性及运动行为的影响.化学与生物工程，2016，33（12）：63-67.
[4]　邢军.苯、氯苯、苯酚和4-氯酚对斑马鱼、孔雀鱼和剑尾鱼的急性毒性.生态环境学报，2011，20（11）：1720-1724.
[5]　裴丽萍，范立民，刘琦，等.邻二氯苯对斑马鱼的急性毒性.安徽农业科学，2015，43（19）：91-92.

实验十三
镉在植物体内的富集与含量测定

13.1 实验目的

（1）了解植物对重金属元素的生物富集现象及生物富集系数的计算方法；

（2）学会用原子吸收分光光度法测定土壤及植物中镉的含量。

13.2 实验原理

镉是自然界相对稀有的金属元素，空气中含镉量一般为 $0.002\sim0.005\mu g/m^3$，水中一般为 $0.01\sim10\mu g/L$，土壤（以单位质量干重计）中多在 $0.5\mu g/kg$ 以下。环境中的镉主要以二价离子型（Cd^{2+}）存在，可随水迁移至土壤并在生物体内富集，进而通过食物链进入人体，引起慢性中毒。在所有食物中一般都能检出镉，含量一般为 $0.004\sim5mg/kg$。镉在环境中的循环及其影响因素尚不完全清楚，除地球化学及局部人为污染外，动植物对镉的浓缩能力及它们在环境中的扩散过程可能是重要途径之一。

污染物通过生物体的吸附、吸收、代谢、死亡等过程而发生的迁移称为生物性迁移。这是污染物在环境中最复杂而又最具有重要意义的迁移方式。污染物被动植物吸收后，有一个不断累积和逐渐放大的过程，这是非常典型的污染生态过程。生物有机体或处于同一营养级上的许多生物种群，从周围环境中蓄积某种元素或难分解化合物，使生物有机体内该物质的浓度超过环境中浓度的现象称为生物富集（或生物浓缩）。生物富集与食物链相联系，各种生物通过一系列取食与被取食的关系，而与其他生物紧密联系起来。例如，自然界中一种有害的化学物质被草吸收，尽管其浓度很低，但若被以该草为食的兔子取食以后，因这种有害物质很难被排出体外，便逐渐在兔子体内累积。

生物富集的程度用生物富集系数（Bio-Concentration Factor，BCF）表示：

$$BCF=\frac{生物体内污染物浓度}{环境中污染物浓度} \qquad (13-1)$$

生物富集的研究对于阐明污染物在环境中的生物迁移规律、评价和预测污染物进入环境后的危害以及确定污染物的环境容量和制定环境标准均有重要意义。

13.3 实验器材

13.3.1 实验仪器

光照培养箱、微波消解仪、火焰原子吸收分光光度仪、恒温干燥箱、电子天平。

13.3.2 实验试剂

(1) 实验用水：电阻率≥18MΩ·cm，其余指标满足 GB/T 6682 中的一级标准。

(2) 硝酸镉：分析纯。

(3) 硝酸：$\rho(HNO_3)=1.42g/mL$，优级纯或优级纯以上，必要时经纯化处理。

(4) 盐酸：$\rho(HCl)=1.19g/mL$。

(5) 氢氟酸：$\rho(HF)=1.16g/mL$。

(6) 硝酸溶液：1＋99，用硝酸（2）配制，取 10.0mL 硝酸加入 100mL 水中，稀释至 1000mL。

(7) 双氧水：30％。

(8) 金属镉（Cd）标准品：纯度为 99.99％或经国家认证并授予标准物质证书的标准物质。

(9) 金属 Cd 标准储备液（1000mg/L）：准确称取 1g 金属镉标准品（精确至 0.0001g）于小烧杯中，分别加 20mL 盐酸溶液（1＋1）溶解，加 2 滴硝酸，移入 1000mL 容量瓶中，用水定容至刻度，混匀；或购买国家认证并授予标准物质证书的标准物质。

(10) 金属 Cd 标准使用溶液（100mg/L）：吸取 Cd 标准储备液 10.0mL 于 100mL 容量瓶中，用硝酸溶液定容至刻度。

13.4 实验内容与步骤

13.4.1 土壤样品的制备

土壤样品采自表层土（0～20cm），该区域无污染源，无重金属污染，风干后过 2mm 筛备用。

13.4.2 植物的培养

(1) 挑选大小均匀、籽粒饱满的小麦种子，用 2％ H_2O_2 消毒 15min，然后用自来水、蒸馏水分别冲洗 3 次后放入生化培养箱中（25±2）℃预发芽。

(2) Cd 以水溶液的形式加入土壤中，Cd 的表观处理浓度为：0mg/kg（控制组）、1mg/kg、10mg/kg、100mg/kg，土壤含水量为 24％（质量分数），平衡 48h 后种植小麦。

(3) 预发芽 24h 后将 10 粒已发芽的种子植入 50g 污染土壤中，将培养皿放入光照培养箱中培养，每个处理设 3 个重复，光照周期为 12h，培养 7 天后采样进行分析。将收获的小麦植株分为地上和地下部分，干燥后分别测定植株各部分生物量及 Cd 在小麦植株的累积量。

13.4.3 植物样品的采集和处理

小麦生长 7 天后收获，用自来水充分冲洗后再用去离子水冲洗，沥去水分，按照地下和地上两部分分别采集样品，称量其鲜重。105℃下杀青 30min，70℃烘箱中烘至恒重，测其干重后备用。

13.4.4　Cd 浓度的测定

土壤和植株样品采用微波消解法进行样品前处理后测定 Cd 含量。称取风干、过筛的土壤样品 0.2500g 置于消解罐中，依次加入少量实验用水、6mL 硝酸、3mL 盐酸、3mL 氢氟酸，使样品和消解液充分混匀。烘干后植物样品剪碎，称量 0.1000g 放入消解罐中，依次加入少量实验用水、6mL 浓硝酸、1mL 双氧水、1mL 氢氟酸，反应一段时间后放入微波消解仪中密封消解。消解后的样品先赶酸后定容，经 0.45μm 滤膜过滤后用火焰原子吸收仪测定其浓度。

二维码13-1
样品前处理

（1）工作曲线的绘制

吸取不同体积的镉标准使用液，分别移入 6 个 100mL 的容量瓶中（表13-1），用硝酸溶液稀释定容，测其吸光度。用经空白校正的各标准溶液的吸光度对相应的浓度作图，绘制标准曲线。

表 13-1　标准系列各点元素浓度及取镉标准使用液体积

Cd 元素的含量/(μg/mL)	0	0.25	0.50	1.50	2.50	5.00
Cd 标准使用液体积/mL						

（2）样品溶液的测定

在与测定标准曲线相同的实验条件下，测定样品溶液的吸光度，代入标准曲线求出样品中 Cd 的含量。若测定结果超出标准曲线范围，用硝酸溶液（1%）稀释后再行测定。

13.5　数据处理

由测定所得吸光度，分别由标准曲线计算被测试液中各金属的浓度，根据下式计算出样品中被测元素的含量：

$$X = \frac{(C_1 - C_0) \times V}{m} \tag{13-2}$$

式中，X 为植物或土壤样品中 Cd 含量，mg/kg；C_1 为消解液中 Cd 含量，mg/L；C_0 为空白液中 Cd 含量，mg/L；V 为消解液体积，mL；m 为植物或土壤样品质量，g。

计算出土壤和植物样品中 Cd 含量后，代入式(13-1)计算生物富集系数。

13.6　思考题

（1）分析镉在土壤及植物中的含量，计算重金属镉的富集系数。

（2）根据富集系数，阐述镉在植物体内的富集情况。

参考文献

[1]　周启星，孔繁翔，朱琳. 生态毒理学. 北京：科学出版社，2004.

[2]　陈翠红. 土壤典型 PPCPs 污染及与重金属 Cd 的联合毒性及机理. 天津：南开大学，2010.

实验十四
镉污染对小麦幼苗光合特性的影响

14.1　实验目的

（1）熟悉叶绿素的提取和测定方法；

（2）熟悉叶绿素荧光参数的测定方法；

（3）了解重金属对植物光合特性的影响。

14.2　实验原理

土壤重金属污染日趋严重，污染面积逐渐扩大，极大地影响了包括小麦（*Triticum aestivum*）在内的农作物生长发育。据文献资料报道，受重金属胁迫的作物其细胞质膜的选择通透性、组成和结构均会受到不同程度的损害。另外，重金属会干扰光合作用及呼吸作用过程中的电子传递，造成植物体内的生物酶失去活性、能量状态下降、矿物营养的吸收减弱，严重影响作物正常的生理生化活动，使其表现出生长迟缓、植物矮小、叶片失绿等现象。

光合作用是植物生物产量的基础，叶绿素是植物光合作用必不可少的光催化剂，其含量和比值常作为植物适应环境的重要评价因子。叶绿素主要由叶绿素 a 和叶绿素 b 组成。其中，叶绿素 a 一部分作为捕光色素，另一部分则作为反应中心，把光能转化为电能，进行电子传递并最终转化为化学能；叶绿素 b 则主要用于捕获光能并传递给叶绿色 a。植物通过调整叶绿素 a 与 b 的比例来适应不同光强。例如，在低光强时叶绿素 a/b 将显著线性增加。类胡萝卜素作为辅助色素，可将吸收的光能转移给叶绿素，其含量的变化也反映了植物对环境条件变化和胁迫的生理反应。当植物遇有环境胁迫或衰老时，叶绿素和类胡萝卜素的含量以及它们之间的比例均会发生相应的变化。有研究指出，叶片中叶绿素与类胡萝卜素含量的比值，在植物生长发育、适应各种环境刺激和胁迫的过程中，是比单个色素更敏感的生理指标。

植物组织内的叶绿素吸收光能并用来驱动光合作用，超出植物所利用部分的能量以叶绿素荧光或热量的形式释放出去。叶绿素分子在持续接收到一定波长的光照辐射后处于激发态，激发态的叶绿素分子能发出以能量形式存在的波长较长的荧光，这种效应称为荧光效应，其中波长较长的光称为叶绿素荧光。植物光合作用速率的改变会大大影响叶绿素荧光的释放。在一定的外界环境温度下，绝大多数的叶绿素荧光是在光系统Ⅱ中释放的，可作为判断植物遭遇逆境胁迫下光系统Ⅱ损伤程度和光能转化效率的重要依据。当植物受到不良环境影响时，植物能调节光系统Ⅱ的能量转化效率，使多余的能量以热耗散的方式散发到植物体外，从而减弱过剩光能对植物的伤害。叶绿素荧光参数是一组用于描述植物光合作用机理和光合生理状况的变量或常数值，可被用作研究植物光合作用与环境关系的内在探针。

在一定的外界环境温度下，健康的叶子经过一段时间的黑暗处理后突然照光，可观察到随时间变化的叶绿素荧光的产生，这一现象称为 Kautsky（荧光感应），这时荧光强度与光照强度成正比。通常情况下，健康植物需 $10 \sim 30 \text{min}$ 来适应黑暗处理。照光后，荧光（Fluorescence，F）迅速上升至 F_0，紧接着达到峰值 F_p，然后慢慢下降到最终态。最初的荧光 F_0 照光开始后即可达到，这是植物完全适应黑暗环境后的基础荧光水平。在这种状态下，大多数光系统 II 反应中心是开放的，且最初电子受体 Q_A 库被大量消耗，光合作用强度降低所致（叶绿素捕获的未被利用的能量以荧光形式释放）。光照越强，Q_A 库减小越快，直至可变荧光 F_v 达到最大值，植物处于光饱和状态，此时的荧光峰值定义为 F_m。荧光超出 F_p 后，电子开始从 Q_A 流出，导致电化学反应再度上升，意味着越来越少的能量被释放，叶绿素荧光下降到 F_s 水平，达到稳定状态，称为荧光猝灭（Fluorescence Quenching）。确切测定 F_0 和 F_m 需要一种可快速转变的测定装置及强光刺激。这样，可变荧光 F_v 就可计算出来（$F_v = F_m - F_0$），比值 F_v/F_m 也因此得出，其代表光系统 II 量子产率或量子效率。F_v/F_m 与光化学作用的产量成正比，并且与净光合作用的产量密切相关，而净光合作用是验证光能有效性的最好方法。相反，在黑暗条件下，F_v/F_m 下降程度的差异，能够指示逆境条件（如干旱、盐分胁迫及环境污染）对植物光合作用系统抑制的程度。因此，测定叶绿素荧光，实际上是对植物生理生态性能的综合诊断。

14.3 实验器材

14.3.1 实验仪器

分光光度计，天平，便携式微型脉冲调幅叶绿素荧光产量分析仪，离心机，研钵，棕色容量瓶，剪刀，离心管。

14.3.2 实验试剂

石英砂，碳酸钙，体积分数为 95% 的乙醇（95% 乙醇），硝酸镉。所有试剂均为分析纯。

14.4 实验内容与步骤

14.4.1 土壤样品的制备

参照 13.4.1。

14.4.2 植物的培养

参照 13.4.2。

14.4.3 光合色素含量的测定

（1）取新鲜植物叶片，擦净组织表面污物，剪碎，混匀。

（2）称取剪碎的新鲜样品 0.2g，共 3 份，分别放入研钵中，加少量石英砂、碳酸钙粉和 2～3mL 95％乙醇，研成匀浆，再加 95％乙醇 10mL，继续研磨至组织变白；静置 3～5min。

（3）转移至 25mL 棕色容量瓶中，用少量 95％乙醇冲洗研钵、研棒及残渣数次，连同残渣一起转入容量瓶中。最后用 95％乙醇定容至 25mL，摇匀、离心后取上清液待测。

（4）将上述色素提取液倒入直径 1cm 的比色杯内。以 95％乙醇为空白，在波长 470nm、649nm 和 665nm 下测定吸收度。

14.4.4 叶绿素荧光参数的测定

利用便携式微型脉冲调幅叶绿素荧光产量分析仪测定叶绿素荧光参数。测量方法参照使用手册。根据叶绿素荧光测定结果，计算得到小麦叶片的最大 PS Ⅱ 量子产率（F_v/F_m）。从每棵植株上选取两片叶子进行测定，取两次测定结果的平均值。

14.5 数据处理

（1）将测得的数值代入式(14-1)～式(14-3)，分别计算叶绿素 a、叶绿素 b、类胡萝卜的浓度（mg/L）。

叶绿素 a 浓度（mg/L）：
$$C_a = 13.95A_{665} - 6.88A_{649} \tag{14-1}$$

叶绿素 b 浓度（mg/L）：
$$C_b = 24.96A_{649} - 7.32A_{665} \tag{14-2}$$

类胡萝卜素浓度（mg/L）：
$$C_c = (1000A_{470} - 2.05C_a - 114.8C_b)/245 \tag{14-3}$$

式中，A_{470}、A_{649} 和 A_{665} 分别为提取液在 470nm、649nm 和 665nm 波长处的吸光度。

（2）按下式计算单位鲜重组织中的各种色素的质量分数。

$$色素含量\% = \frac{色素浓度(mg/L) \times 提取液体积(L) \times 稀释倍数}{样品质量(mg)} \times 100\% \tag{14-4}$$

稀释倍数：若提取液未经稀释，则取 1。

14.6 注意事项

（1）为了避免叶绿素光分解，操作时应在弱光下进行，研磨时间应尽量短些。
（2）叶绿体色素提取液应清澈透亮。

14.7 思考题

（1）试述叶绿体色素的生理意义。
（2）试述不同浓度重金属 Cd 对叶绿素含量的影响。
（3）试述重金属 Cd 对叶绿素荧光参数的影响。

参考文献

［1］　李合生.植物生理生化实验原理与技术.北京：高等教育出版社，2000.

［2］　蒋高明.植物生理生态学.北京：高等教育出版社，2004.

［3］　王学奎.植物生理生化实验原理与技术.北京：高等教育出版社，2006.

［4］　陈建勋，王晓峰.植物生理学实验指导.广州：华南理工大学出版社，2002.

［5］　张佳菲.作物叶绿素荧光-反射光谱特性与生理生化表型时空异质性研究.杭州：浙江大学，2021.

［6］　傅一挺，吉莉，陈延松.酸性土壤条件下纳米氧化锌长期暴露对蕹菜生长和叶绿素荧光参数的影响.环境监控与预警，2020，12（5）：139-144.

实验十五
污染物协同或拮抗作用的实验设计与评价

15.1 实验目的

（1）掌握半数效应浓度的计算方法；
（2）掌握毒性单位法的评价方法。

15.2 实验原理

凡两种或两种以上的化合物同时或短期内先后作用于机体所产生的综合毒性作用，称为化合物的联合毒性作用。多个污染物之间的相互作用类型，一般有加和作用、拮抗作用和协同作用。加和作用指各化合物在化学结构上相似，或为同系衍生物，或其毒性作用的靶器官相同，则其对机体所产生的毒性总效应等于各个化学物成分单独效应的简单加和。各化学物交互作用于机体的综合效应大于各单独化学物毒性效应的总和，即为化学物的协同作用（又称增效作用）。拮抗作用指各化学物在体内交互作用的总效应，低于各化学物各自单独效应的总和。

目前，对复合污染条件下联合毒性作用的定量表征，基本上是以 Bliss（1939）就毒物联合作用提出的表征方法为基础的，大多采用联合作用指数法，包括毒性单位法、相加指数法、等效应线图法等。毒性单位法的概念是 Sprague 等于 1965 年研究了 Cu-Zn 之间的联合作用对大西洋大马哈鱼幼体生长发育的影响后提出的。1975 年，Anderson 等修正、完善和发展了该概念。其定义式如下：

$$TU_i = C_i / EC_{50i} \tag{15-1}$$

式中，TU_i 为第 i 种物质的毒性单位；C_i 为第 i 种物质的浓度，mg/L；EC_{50i} 为单一体系中第 i 种物质的半数效应浓度，mg/L。

$$TU_{mix} = \sum TU_i \tag{15-2}$$

在 TU 模型中，每个污染物浓度均转化为 TU，以 TU 为横坐标，抑制率为纵坐标绘制剂量-效应关系图，并利用回归方程计算出混合物的 EC_{50mix}。当 $EC_{50mix} > 1TU$ 时，两污染物的交互作用表型为拮抗作用；当 $EC_{50mix} < 1TU$ 时，表现为协同作用；当 $EC_{50mix} = 1TU$ 时，说明两污染物无交互作用。

15.3 实验器材

15.3.1 实验仪器

恒温培养箱，培养皿。

15.3.2　实验试剂

佳乐麝香（纯度 77.4％），硝酸镉（分析纯），丙酮（分析纯）。

15.4　实验内容与步骤

15.4.1　土壤样品的制备

参照 13.4.1。

15.4.2　单一毒性实验

（1）预备实验

称取 50g 风干土壤于 90mm 直径的玻璃培养皿中，将以几何级数配制的 HHCB 丙酮溶液均匀地加入培养皿中，然后放入通风橱中过夜。调节土壤含水量至 24％（质量分数），将所有样品置于 25℃恒温培养箱中平衡 24h。24h 后将土壤搅拌均匀并植入种子，当对照种子发芽率＞65％、根伸长达到 20mm 时，预备实验结束。种子发芽标准为芽长大于 3mm。确定根伸长抑制率为 0％～60％ 的有效浓度（EC）后，开始正式实验。各指标的计算方法如下：

$$种子发芽率(\%) = \frac{发芽种子数}{总种子数} \times 100\% \tag{15-3}$$

$$根伸长抑制率(\%) = \frac{对照种子平均根长 - 处理种子平均根长}{对照种子平均根长} \times 100\% \tag{15-4}$$

$$芽伸长抑制率(\%) = \frac{对照种子平均芽长 - 处理种子平均芽长}{对照种子平均芽长} \times 100\% \tag{15-5}$$

（2）正式实验

根据预备实验确定的 EC 范围，设置不同的污染物浓度，每个处理 10 粒种子，设置 3 个平行。HHCB 的表观处理浓度分别设置为 0mg/kg（控制组）、39mg/kg、77mg/kg、194mg/kg、387mg/kg、775mg/kg、1936mg/kg 和 3873mg/kg。Cd 的表观处理浓度分别为 0mg/kg（控制组）、1200mg/kg、1440mg/kg、2074mg/kg 和 2488mg/kg。实验结束时，测定各处理组小麦根长和芽长，计算各指标的平均值及标准偏差，并以浓度-抑制率绘制曲线进行回归分析，计算半数效应浓度（EC_{50}）。

15.4.3　复合毒性实验

根据单一毒性数据和等毒性单位法（TU），联合毒性实验按照式(15-6) 和式(15-7) 设计，混合物的毒性单位分别设为 0TU、0.04TU、0.2TU、0.4TU、0.8TU 和 1.2TU。

$$TU = \frac{con}{EC_{50}} \tag{15-6}$$

$$TU_{mix} = \sum TU = TU_{HHCB} + TU_{Cd} \tag{15-7}$$

式中，con 为某一污染物的浓度；EC_{50} 为该污染物的半数效应浓度。

实验组成见表 15-1。

表 15-1　多环麝香和 Cd 复合污染的实验组成

处理组(TU_{mix})	HHCB 浓度(TU_{HHCB})+Cd 浓度(TU_{Cd})/(mg/kg)
1(0)	0(0)+0(0)
2(0.04)	42.4(0.02)+36.8(0.02)
3(0.1)	106.1(0.05)+92.0(0.05)
4(0.2)	212.3(0.1)+184.0(0.1)
5(0.4)	424.6(0.2)+368.0(0.2)
6(0.8)	847.8(0.4)+736.0(0.4)
7(1.2)	1273.7(0.6)+1104.0(0.6)

根据表 15-1 设置不同的污染物浓度，每个组 10 粒种子，设置 3 个平行。实验结束时，测定各处理组小麦根长和芽长，计算各指标的平均值及标准偏差，并以浓度-抑制率绘制曲线并进行回归分析，计算 TU_{mix} 并根据标准判断其联合作用形式。

15.5　数据处理

实验结果用 Excel 和 SPSS 27.0 统计软件进行单因素方差分析和模型拟合。EC_{50} 的计算采用概率单位法，置信区间设为 95%。

15.6　思考题

（1）计算单一毒性实验中各污染物的半数效应浓度。
（2）试述复合毒性实验中两污染物的相互作用形式。

参考文献

[1]　周启星，孔繁翔，朱琳.生态毒理学.北京：科学出版社，2004.

[2]　陈翠红.土壤典型 PPCPs 污染及与重金属 Cd 的联合毒性及机理.天津：南开大学，2013.

[3]　Chen Cuihong, Zhou Qixing, Bao Yanyu, et al. Ecotoxicological effects of polycyclic musk and cadmium on seed germination and seedling growth of wheat (*Triticum aestivum*). Journal of Environmental Science，2010，22 (12)：1966-1973.

实验十六
镉污染对植物组织丙二醛含量的影响

16.1 实验目的

(1) 熟悉丙二醛含量的测定方法；
(2) 了解重金属镉污染对植物组织丙二醛含量的影响。

16.2 实验原理

植物器官衰老或在逆境条件下，往往发生膜脂过氧化，丙二醛（MDA）是其产物之一，通常利用它作为脂质过氧化指标，来衡量细胞膜脂过氧化程度和植物对逆境条件反应的强弱。

在高温、酸性条件下，MDA 与硫代巴比妥酸（TBA）反应，形成在 532nm 波长处有最大光吸收的有色三甲基复合物。该复合物的吸光系数为 155mmol/(L·cm)，并且在 600nm 波长处有最小光吸收。需要指出的是，植物组织中糖类物质对 MDA-TBA 反应有干扰作用。为消除这种干扰，经试验，可用如下公式消除由蔗糖引起的误差。

$$C(\mu mol/L) = 6.45(A_{532} - A_{600}) - 0.56A_{450} \tag{16-1}$$

式中，A_{450}、A_{532}、A_{600} 分别为 450nm、532nm 和 600nm 波长下的吸光度。用式(16-1) 可直接求得植物样品提取液中 MDA 的浓度，进一步计算出其在植物组织中的含量。

16.3 实验器材

16.3.1 实验仪器

分光光度计，离心机，水浴锅，组织研磨器，具塞试管。

16.3.2 实验试剂

(1) 硝酸镉：优级纯。
(2) 50mmol/L 磷酸缓冲液（pH 7.8）：A 液，称取磷酸氢二钠（$Na_2HPO_4 \cdot 2H_2O$，177.96）17.80g，加蒸馏水溶解并定容至 1000mL；B 液，称取磷酸二氢钠（$NaH_2PO_4 \cdot 2H_2O$，155.96）15.60g，加蒸馏水溶解并定容至 1000mL；取 A 液 91.5mL，B 液 8.5mL，混匀并定容至 200mL。
(3) 10% 三氯乙酸（TCA）溶液：称 10g 三氯乙酸，用蒸馏水溶解定容至 100mL。

63

（4）0.5％硫代巴比妥酸（TBA）溶液：称 0.5g 硫代巴比妥酸，用 10％TCA 溶解并定容至 100mL。

16.4 实验内容与步骤

16.4.1 土壤样品的制备

参照 13.4.1。

16.4.2 植物的培养

参照 13.4.2。

16.4.3 酶液提取

取 0.5g 植物叶片或根组织于预冷的组织研磨器中，加 1mL 预冷的磷酸盐缓冲液在冰浴上研磨成浆，加缓冲液使终体积为 5mL。匀浆液在 4℃、9000r/min 条件下离心 20min，上清液即为粗酶液，用以测定酶活性。

16.4.4 丙二醛的测定

取 1.5mL 酶液于具塞试管中（可做两个重复），加入 0.5％的 TBA 溶液 2.5mL，混合后于沸水浴上反应 20min，冷却后离心。然后测定上清液在 450nm、532nm 和 600nm 处的吸光度，对照组以 2mL 蒸馏水代替提取液。

16.5 数据处理

MDA 的浓度参照式(16-1)进行计算，丙二醛含量以鲜重（FW）材料表示（μmol/g）。

16.6 思考题

试述重金属污染对小麦组织丙二醛含量的影响。

参考文献

[1] 李合生.植物生理生化实验原理与技术.北京：高等教育出版社，2000.
[2] 蒋高明.植物生理生态学.北京：高等教育出版社，2004.
[3] 王学奎.植物生理生化实验原理与技术.北京：高等教育出版社，2006.
[4] 陈建勋，王晓峰.植物生理学实验指导.广州：华南理工大学出版社，2002.

实验十七
镉污染对植物组织还原型谷胱甘肽含量的影响

17.1 实验目的

(1) 熟悉还原型谷胱甘肽的测定方法；

(2) 了解重金属对植物组织还原型谷胱甘肽含量的影响。

17.2 实验原理

还原型谷胱甘肽（GSH）是植物细胞内另一种重要的抗氧化剂。它含有活性的巯基，极易被氧化。GSH 可以抑制不饱和脂肪酸生物膜组分及其他敏感部位的氧化分解，防止膜脂过氧化，从而保持细胞膜系统的完整性，延缓细胞的衰老和增强植物抗逆性。

本实验利用巯基试剂 5,5'-二硫代-双-硝基苯甲酸（DTNB）测定 GSH 的含量。GSH 和 DTNB 在 pH＝7 时生成黄色物质，其颜色深浅与 GSH 的浓度呈线性关系。即在巯基化合物存在的条件下，无色的 DTNB 被转变成黄色的 5-巯基-2-硝基苯甲酸，其在 412nm 处具有最大吸收，DTNB 的吸收光谱并不干扰巯基的测定。

17.3 实验器材

17.3.1 实验材料

小麦叶片。

17.3.2 实验仪器

天平，离心机，恒温水浴锅，分光光度计，研钵等。

17.3.3 实验试剂

(1) 硝酸镉，优级纯。

(2) 5％三氯乙酸（TCA）溶液：称取 5g 三氯乙酸，用蒸馏水溶解并定容至 100mL。

(3) 150mmol/L 磷酸二氢钠溶液（pH 7.7）：称取磷酸二氢钠（$NaH_2PO_4 \cdot 2H_2O$，155.96）23.39g，加蒸馏水溶解并定容至 1000mL，用氢氧化钠溶液调节 pH 值至 7.7。

(4) 1000mol/L 磷酸缓冲液（pH 7.8）：A 液，称取磷酸氢二钠（$Na_2HPO_4 \cdot 2H_2O$，177.96）35.61g，加蒸馏水溶解并定容至 1000mL；B 液，称取磷酸二氢钠（$NaH_2PO_4 \cdot$

$2H_2O$，155.96)31.21g，加蒸馏水溶解并定容至1000mL；取 A 液 91.5mL，B 液 8.5mL，混匀并定容至200mL。

（5）DTNB 试剂：75.3mg 的 DTNB 溶于 30mL 浓度为 100mmol/L 的 PBS 中（pH 6.8）。

17.4　实验内容与步骤

17.4.1　土壤样品的制备

参照 13.4.1。

17.4.2　植物的培养

参照 13.4.2。

17.4.3　还原型谷胱甘肽标准曲线的制作

先配制浓度分别为 0mmol/L、0.02mmol/L、0.04mmol/L、0.06mmol/L、0.08mmol/L、0.10mmol/L、0.12mmol/L 的标准 GSH 溶液。再吸取上述标准液各 0.25mL，分别加入浓度为 150mmol/L 的 NaH_2PO_4（pH 7.7）2.60mL，混合均匀后，往各管中加入 DTNB 试剂 0.15mL，摇匀后，30℃下保温反应 5min，测定 412nm 波长下的吸光度（以加磷酸盐缓冲液代替 DTNB 试剂做空白对照）。将测定结果以 GSH 浓度为横坐标，吸光度为纵坐标制作标准曲线。

17.4.4　还原型谷胱甘肽的提取

称 0.5g 小麦叶片，将样品剪碎加入 5mL 浓度为 5％的三氯乙酸，研磨，15000r/min 离心 10min，上清液定容至 5mL。

17.4.5　还原型谷胱甘肽含量测定

分别取上述样品提取液 0.25mL，各加入浓度为 150mmol/L 的 NaH_2PO_4（pH 7.7）2.60mL、DTNB 试剂 0.15mL，以加磷酸盐缓冲液代替 DTNB 试剂做空白对照。摇匀后，于 30℃下保温反应 5min，测定 412nm 波长下的吸光度。根据标准曲线计算样品的 GSH 含量。

17.5　数据处理

GSH 含量用单位鲜重含量 μg/g 表示。

17.6　思考题

试述重金属对植物组织 GSH 含量的影响。

参考文献

[1]　李合生.植物生理生化实验原理与技术.北京：高等教育出版社，2000.

[2]　蒋高明.植物生理生态学.北京：高等教育出版社，2004.

[3]　王学奎.植物生理生化实验原理与技术.北京：高等教育出版社，2006.

[4]　陈建勋，王晓峰.植物生理学实验指导.广州：华南理工大学出版社，2002.

[5]　Hegedüs A，Erdei S，Horvath G.Comparative studies of H_2O_2 detoxifying enzymes in green and greening barley seedling under cadmium stress.Plant Science，2001，160（6）：1085-1093.

实验十八
重金属铅低积累作物品种的筛选

18.1 实验目的

（1）了解低积累作物的评价标准；
（2）掌握低积累作物筛选的方法。

18.2 实验原理

随着土壤环境中重金属污染的日益严重，植物中重金属的累积量也有上升趋势。据粗略统计，过去 50 年中，全球排放到环境中的铅多达 $7.83×10^5$ t，且有相当部分进入土壤，导致土壤中的铅（Pb）污染相当普遍，且具有明显的逐年增加趋势。将大面积已被中、轻度污染的农田停止农作，进行长时间的植物修复或工程修复显然是不现实的，因此，筛选和培育低积累 Pb 等有害元素的农作物品种，从而保证农产品的安全生产是一个合理而有效的途径，而筛选重金属低积累品种首先应该对农作物中重金属积累和分布的品种差异进行研究。

植物吸收和累积重金属不仅存在显著的植物种间差异，同时存在显著品种（植物种内）差异。有研究表明，水稻、小麦、大麦和花生等农作物，重金属在不同品种中的积累与分布存在显著差异。一些可以在重金属严重污染的土壤上正常生长的植物体内，特别是其地上部分重金属含量很低，这些植物被称为低积累植物。理想的重金属低积累植物应同时具备以下 4 个特征：该植物的地上部和根部的重金属含量都很低或者可食部位低于有关标准；该植物对重金属的累积量小于土壤中的该重金属的浓度，即富集系数<1；重金属从植物根部向地上部转运能力较差，即转运系数<1；该植物对重金属毒害具有较高的耐受性，在较高的重金属污染条件下依然能够生长且生物量无显著下降。

18.3 实验器材

18.3.1 实验仪器

原子吸收分光光度计，微波消解仪，烘箱。

18.3.2 实验试剂

硝酸铅，优级纯。

18.4　实验内容与步骤

18.4.1　土壤样品的制备

土壤样品采自郊区表层土（0～20cm），采样区域无污染源，无重金属污染。样土风干后过 2mm 筛备用。

18.4.2　植物的培养

（1）将准备好的土壤样品，装入容量为 2.5kg 的塑料盆（直径 20cm，盆高 15cm），将硝酸铅以水溶液的形式加入上述土壤中，使 Pb 浓度分别为 0mg/kg、300mg/kg 和 500mg/kg，每个处理设置 3 个重复，平衡 1 周后备用。

（2）挑选大小均匀、籽粒饱满的大白菜种子，用 2% H_2O_2 消毒 15 min，然后用自来水、蒸馏水分别冲洗 3 次。将大白菜种子播种于盆中。待种子发芽一周后间苗，根据植株大小和长势，每盆最后定苗为 2 株。露天栽培，无遮雨设施，根据盆缺水情况，不定期浇自来水（水中未检出 Pb），使土壤含水量保持在田间持水量的 80% 左右。

18.4.3　样品的采集与处理

大白菜生长 9 周后，按照地下部和地上部两部分采集样品，分别用自来水冲洗后再用去离子水冲洗，沥去水分，称量其鲜重（FW）。105℃下杀青 30min，然后在 70℃烘箱中烘至恒重，测其干重（DW），并计算大白菜的平均含水量。样品消解后利用原子吸收分光光度计测定消解液中的重金属含量，并计算土壤、植物根部和地上部的重金属含量。

18.4.4　样品的分析

植株样品采用微波消解法进行样品前处理后测定 Pb 含量。烘干后植物样品剪碎，称量 0.1000g 放入消解罐中，依次加入 6mL 浓硝酸、1mL 双氧水、1mL 氢氟酸，反应一段时间后放入微波消解仪中密封消解。消解后的样品先赶酸后定容，经 0.45μm 滤膜过滤后用火焰原子吸收分光光度计测定其浓度。

18.5　数据处理

根据式(18-1) 和式(18-2) 计算富集系数和转运系数，采用 Origin 和 SPSS 进行数据的统计，并进行差异显著性分析。

$$重金属富集系数 = \frac{植物体内重金属含量}{土壤中重金属含量} \tag{18-1}$$

$$重金属转运系数 = \frac{植物地上部重金属含量}{植物地下部重金属含量} \tag{18-2}$$

18.6　思考题

试述 Pb 在各白菜品种之间的累积差异。

参考文献

[1] 周启星，孔繁翔，朱琳.生态毒理学.北京：科学出版社，2004.

[2] 周启星，宋玉芳，魏树和，等.污染土壤修复原理与方法.北京：科学出版社，2004.

[3] 刘维涛，周启星，孙约兵，等.大白菜对铅积累与转运的品种差异研究.中国环境科学，2009，29（1）：63-67.

实验十九
种群在有限环境中的 Logistic 增长

19.1 实验目的

（1）了解种群在资源有限环境中的增长方式，理解种群增长是受环境条件限制的；

（2）学会 Logistic 模型的计算、曲线绘制及拟合方法，加深对 Logistic 增长模型特征的理解。

19.2 实验原理

种群不可能长期、连续地按几何级数增长，而往往会受到环境资源和其他生活条件的制约，到一定时候，表现为种群增长率随着密度的上升而下降。种群增长的这种趋势，若以图形表示，往往呈现一种"S"形曲线（图 19-1）。

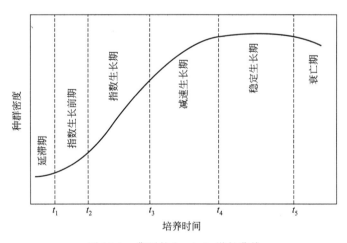

图 19-1 典型的 Logistic 增长曲线

为建立此类"S"形增长曲线的模型，1838 年比利时数学家和人口统计学家 Pierre François Verhulst 导出了 Logistic 方程（但直到 20 世纪 20 年代才又被两位美国生物学和统计学家 Raymond Pearl 和 Lowell J. Reed 重新发现），其数学表达式为：

$$\frac{\mathrm{d}x}{\mathrm{d}t} = rx\left(1 - \frac{x}{x_\mathrm{m}}\right) \tag{19-1}$$

上式的积分式为：

$$x_t = \frac{x_m}{1 + \left(\dfrac{x_m}{x_0} - 1\right) e^{-r(t-t_0)}} \tag{19-2}$$

式中，x_0 为初始时刻 t_0 种群的密度；x_t 为 t 时刻种群的密度；x_m 为最大（饱和）种群密度；r 为种群的内禀增长率。

为方便估计模型参数，可假设：

$$\frac{x_m}{x_0} - 1 = e^a \tag{19-3}$$

同时设定 $t_0 = 0$，于是得到 Logistic 方程最常见的、标准的积分表达式：

$$x_t = \frac{x_m}{1 + e^{a-rt}} \tag{19-4}$$

19.3 实验生物

大草履虫（*Paramecium caudatum*，图 19-2）。常用的培养液是稻草煎出液（10g 稻草加入 1000mL 水，煮沸 10min 后过滤制得）。大草履虫在 25℃ 的环境中，每天可以分裂 2～3 次。当种群密度达到饱和后增长停止，种群数量开始下降。

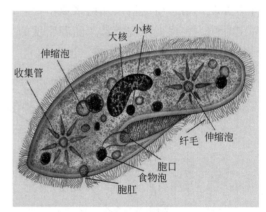

(a)显微结构示意图   (b)形态结构示意图

图 19-2　大草履虫

19.4 仪器及用具

体视显微镜、浮游生物计数框、盖玻片、试管（3 支/人）、试管架、吸管、碘液、计数器、纱布、镜头纸、培养皿、蒸馏水瓶、记号笔、20mL 量筒。

19.5 实验步骤

（1）大草履虫液制备

从培养试管中吸取几滴大草履虫液，移入培养皿（或试管）中，同时往里滴加适量蒸馏水进行稀释。此培养皿（或试管）中的稀释虫液就是实验用的大草履虫液，其适宜密度（估算方法见下）为 200～400 个/mL，若虫数过多，则应进一步稀释。

大草履虫液的密度估算：取上述稀释虫液 1 滴于计数框内，同时滴加 1 滴碘液（两滴溶液体积约等于 0.1mL，也即计数框的容积），盖上盖玻片，在 4 倍接目镜下观察计数。加碘液的作用是为了杀死并固定大草履虫，同时有染色的作用。

（2）样品制备

吸取 10mL 稻草煎出液至试管中，再注入 1mL 经充分混匀、密度适宜的上述大草履虫液，之后再往其中补加 4mL 稻草煎出液，使试管内的含虫培养液总体积为 15mL（适宜的大草履虫初始密度为 3～4 个/mL）。以同样的操作方法制作 3 个平行样。

（3）培养

将试管排放在试管架上，画上个人记号，放入恒温培养箱内，于 25～28℃ 下恒温培养。也可置于 25～28℃ 恒温水浴中培养。

（4）计数

每天定时计数。计数前，需用吸管向试管内反复吹气多次（思考：为什么？）。计数方法：往计数框中滴加 1 滴虫液和 1 滴碘液，再盖上盖玻片（不许产生气泡），在 4 倍接目镜下观察计数。重复计数 3 次，求平均值，并计算出每毫升虫数。

二维码19-1　种群在有限环境中的Logistic增长

（5）求算 x_m

将每天计数的虫数写入原始记录表，并在坐标纸上描点作图，求出饱和密度 x_m 值。x_m 的求法最常用的是以下几种：

第一种，把观测的数据在坐标纸上描点，并作出近似曲线，曲线的最高峰即为近似的 x_m；

第二种，假设大草履虫增长到第 5 天达到高峰，第 6 天、第 7 天不再增长（即已达到平衡），则把这三天的均值作为近似的 x_m；

第三种，按以下"三点估计法"求算 x_m：

$$x_m = \frac{2p_1 p_2 p_3 - p_2^2(p_1 + p_3)}{p_1 p_3 - p_2^2} \tag{19-5}$$

其中，p_1、p_2、p_3 是与横坐标（时间轴）上等间隔的三个时间点（t_1、t_2、t_3）上所对应的纵坐标（种群数量观测值）。t_1、t_2、t_3 满足 $2t_2 = t_1 + t_3$，同时要求时间间隔适当大一些（一般取实测数据序列的起始点、中间点、终了点分别作为 t_1、t_2、t_3），具体见后面的参考文献。

第四种，按以下"四点估计法"求算 x_m：

$$x_m = \frac{p_1 p_4(p_2 + p_3) - p_2 p_3(p_1 + p_4)}{p_1 p_4 - p_2 p_3} \tag{19-6}$$

其中，p_1 和 p_4 是与横坐标上起始时间点和终了时间点相对应的纵坐标（种群数量观测值），而 p_2 和 p_3 则是实测曲线的任意中间两点，这四个时间点满足 $t_1 + t_3 = t_2 + t_4$。

（6）求算 r

x_m 求出后，可以利用前述积分表达式的变换形式：

$$\ln\left(\frac{x_{\mathrm{m}}}{x_t}-1\right)=a-rt \qquad (19\text{-}7)$$

即

$$y=\ln\left(\frac{x_{\mathrm{m}}}{x_t}-1\right)=a-rt \qquad (19\text{-}8)$$

以 y 对 t 描点作图，再进行线性回归分析，即可求得种群的内禀增长率 r（表征物种的潜在增殖能力）。至此，便求得了 Logistic 方程中用以刻画种群特征的两个关键参数 x_{m} 和 r。也可借助 Microsoft Excel 或 Origin 等软件进行非线性回归（图 19-3），一次性求得 Logistic 方程中的所有参数（回归方程拟合精度的高低可用决定系数 r^2 的大小来判定）。

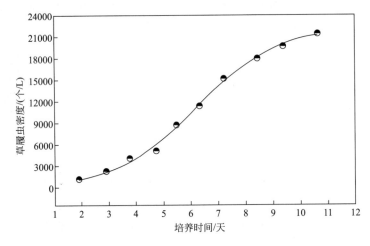

图 19-3　实验数据的非线性回归

19.6　讨论

（1）根据实测数据画出 Logistic 曲线，并用四种方法求算 x_{m} 值。

（2）根据曲线求出 r、TR。TR 是自然反应时间（Natural Response Time），等于 r 的倒数，即 TR＝$1/r$，表征种群在受干扰后返回平衡状态所需时间的长短。

19.7　实验记录和报告

（1）实验名称

（2）实验日期

（3）指导教师

（4）学生姓名

（5）原始记录

（6）实验报告

实验数据及结果填入表 19-1 中。

表 19-1　大草履虫增长数据记录及计算

天数/d	实测密度(x_t)/(个/mL)	$\dfrac{x_{\mathrm{m}}}{x_0}-1$	$\ln\left(\dfrac{x_{\mathrm{m}}}{x_t}-1\right)$	由 Logistic 方程估计的 x_t

参考文献

［1］ 范国兵. 一种估计 Logistic 模型参数的方法及应用实例. 经济数学，2010，27（1）：105-110.

［2］ 李铭红，吕耀平，颉志刚，等. 生态学实验. 杭州：浙江大学出版社，2010.

［3］ 唐启义，胡国文，冯光明，等. Logistic 方程参数估计中的错误与修正. 生物数学学报，1996，11（4）：135-138.

［4］ 殷祚云. Logistic 曲线拟合方法研究. 数理统计与管理，2002，21（1）：41-46.

［5］ Cramer J S. Logit Models from Economics and Other Fields. Cambridge：Cambridge University Press，2003.

［6］ Pierre François Verhulst. Notice sur la loi que la population poursuit dans son accroissement. Correspondance Mathématique et Physique，1838，10：113-121.

［7］ Raymond Pearl，Lowell J Reed. On the Rate of Growth of the Population of the United States Since 1790 and Its Mathematical Representation. Proceedings of the National Academy of Sciences，1920，6（6）：275-288.

实验二十
温度对鱼类呼吸的影响

20.1　实验目的

通过对变温动物呼吸速率随温度变化规律的观察，验证范霍夫定律（Jacobus Henricus van't Hoff，雅可比·亨利克·范霍夫，荷兰物理化学家，1901年获诺贝尔化学奖）。

20.2　实验原理

动物的代谢（生化反应）速率（包括呼吸反应），随温度上升而加快。这种温度与反应速率的关系，可以用下面公式中的温度系数来表示：

$$Q_{10} = \left(\frac{K_2}{K_1}\right)^{\frac{10}{t_2 - t_1}} \tag{20-1}$$

或者

$$Q_{10} = \left(\frac{V_2}{V_1}\right)^{\frac{10}{t_2 - t_1}} \tag{20-2}$$

式中，Q_{10} 为温度系数，表示温度每升高 $10\,℃$，反应速率增加的倍数（通常是 $2\sim3$ 倍），或表示温度每提高 $1\,℃$，反应速率增加 9.6%；K_1、K_2 为对应于温度 t_1、t_2 下的速度常数，它与反应速率（V_1、V_2）成正比，所以也可以用反应速率代替速度常数。

鱼类的呼吸速度与水温的关系，通常与范霍夫定律相吻合，所以应用鱼类进行呼吸速率的实验比较理想。

图 20-1　实验用金鱼

20.3　实验器材

水族箱，恒温水浴，1000mL 烧杯，计时表，计数器，温度计，活金鱼若干条（图 20-1）。

20.4　实验步骤

（1）提前一天在水族箱（或以玻璃缸代替）内放入自来水（即曝气一天）。

（2）先向恒温水浴锅中加入自来水

至锅深度的 2/3，再挑选健康的实验鱼一条，放入 1000mL 烧杯中（内有曝气水 600～700mL），然后将烧杯放入恒温水浴锅中，使烧杯中水的液面与水浴锅的水面平行。将温度计插入烧杯中，读出初始温度。经过 15min（让鱼在水中有一个短时间的适应），然后观察鱼的鳃盖活动（呼吸运动），记录下鱼的呼吸次数（次/min）。重复计数 10 次。计数时应尽量避免对鱼的干扰，包括说话和按动计数器的声音等。

（3）将水浴锅逐渐升温，控制在 1h 升高 10℃，即平均每 6min 左右升高 1℃（以烧杯内温度计的温度示数为准）。当温度升高了 10℃之后，保持升温后的水温不变，开始观察鱼的鳃盖活动，并记录下鱼的呼吸次数。重复计数 10 次。将观察结果记录至表 20-1。

（4）升温过程中的若干个稳定温度下的鱼呼吸次数，其记录次数可适当减少（5 次左右）。

表 20-1　鱼呼吸速率记录表

温度/℃	呼吸频率/(次/min)									
	1	2	3	4	5	6	7	8	9	10

20.5　讨论

（1）经实验验证，温度上升 10℃后鱼的呼吸速度增加了多少倍？是否符合范霍夫定律？

（2）为什么范霍夫定律只有在一定温度范围内才适用？

（3）温度系数只适用于变温动物，为什么？

（4）耗氧速率与水温有什么关系？这种关系与范霍夫定律是否吻合？

20.6　实验记录和报告

（1）实验名称

（2）实验日期

（3）指导教师

（4）学生姓名

（5）原始记录

（6）实验报告

参考文献

[1]　北京师范大学，华东师范大学.动物生态学实验指导.北京：高等教育出版社，1983.

[2]　章家恩.生态学常用实验研究方法与技术.北京：化学工业出版社，2007.

实验二十一
水体初级生产力的测定

21.1 实验目的

了解测定水生生态系统中初级生产力的意义和方法。

21.2 实验原理

生态系统中的生产过程主要是指植物通过光合作用生产有机物的过程。对于水生生态系统，其生产过程起主要作用的是浮游植物（包括藻类）。在光合作用与呼吸作用两个过程中，在单位时间、单位水体体积内所生产的有机物量，即为该生态系统的初级生产力。

测定水体初级生产力的实验方法有许多，但目前国内外最通行的方法是黑白瓶测氧法（Light and Dark Bottle Technique）。其原理是：在黑瓶（Dark Bottle，DB）内的浮游植物，在无光条件下只进行呼吸作用，瓶内氧气将会被逐渐消耗而减少；而白瓶（Light Bottle，LB）在光照条件下，瓶内植物进行光合作用与呼吸作用两个过程，但以光合作用为主，所以白瓶中的溶解氧量会逐渐增加。

白瓶中植物或藻类进行的光合作用其过程可以用下列化学反应式来表示：

$$6CO_2 + 12H_2O \longrightarrow C_6H_{12}O_6 + 6H_2O + 6O_2 \tag{21-1}$$

或化简成：

$$CO_2 + H_2O \xrightarrow{\text{光能，叶绿素，酶}} CH_2O + O_2 \tag{21-2}$$

以上只是光合作用的反应简式。如果将作为构成藻类主要生物量的五种主要元素（C、H、O、N、P）考虑在内，就可以利用下列方程近似表示其光合作用过程。

以氨（铵盐）作为氮源时：

$$92CO_2 + 16NH_4^+ + HPO_4^{2-} + 92H_2O + 14HCO_3^- \longrightarrow C_{106}H_{263}O_{110}N_{16}P + 106O_2 \tag{21-3}$$

以硝酸盐作为氮源时：

$$106CO_2 + 16NO_3^- + HPO_4^{2-} + 122H_2O + 18H^+ \longrightarrow C_{106}H_{263}O_{110}N_{16}P + 138O_2 \tag{21-4}$$

或

$$124CO_2 + 16NO_3^- + HPO_4^{2-} + 140H_2O \longrightarrow C_{106}H_{263}O_{110}N_{16}P + 138O_2 + 18HCO_3^- \tag{21-5}$$

另外，在静止水体中，一些具有叶绿素的细菌（如光合细菌）能够利用光能使二氧化碳和硫化氢合成葡萄糖。这类光合作用的方程式如下：

$$6CO_2 + 12H_2S \xrightarrow{\text{光能}} C_6H_{12}O_6 + 6H_2O + 12S \tag{21-6}$$

这类红色硫细菌及其所进行的光合作用在某些湖泊和池塘中很常见。当水体缺氧但有光线透入时，它们便可利用硫化氢而大量繁殖起来，导致水面呈鲜红色。

由上述反应式可以看出，光合作用过程中氧气的生成量与有机质的生成量之间存在着一定的物质计量关系，本实验所采用的初级生产力测定方法，正是通过测定瓶中溶解氧的变化，用 O_2 的生成量来间接表示生产量的。也可以将 O_2 的生成量转化成 C 量；从前述反应式可知，生成单位质量的 O_2 所消耗的 C 量为 $\frac{12}{32}=0.375$。

21.3　实验仪器

溶氧仪、照度计、电导率仪、采水器、透明度盘、黑白瓶、水桶、pH 计（或 pH 试纸）、洗瓶、洗耳球、乳胶管、滤纸、卷尺、曲别针等。

21.4　实验步骤

本实验可以在室内大水族箱内进行模拟，也可以到现场进行（图 21-1）。

图 21-1　实验场地

（1）挂瓶。用采水器采 0～1m 深度的水样（采样深度可分别取 0.00m、0.05m、0.10m、0.15m、0.20m、0.25m、0.30m、0.35m、0.40m、0.50m、0.60m、1.0m），装满试验瓶，灌水时要使水满溢出试验瓶容量的 2～3 倍。每组试验瓶 3 个，其中一瓶水应立即进行溶氧测定，得到原初溶氧量（IB）。另一白瓶（称为 LB 瓶）与一黑瓶（称为 DB 瓶）装满水后挂入与采水相同深度的水层中，然后经一定时间分别测定黑瓶和白瓶中的溶解氧量。如测定光照强度与生产力的关系，可每 2～4h 测定一次；如测定全天初级生产力，则可在挂瓶后 24h 测一次。本实验挂瓶时间为 6h（一般 10：00 挂瓶，16：00 取瓶）。

（2）在野外测定时，要选择晴天。在室内进行时，水族箱应放在靠窗户位置，或加人工光源。不论室内或室外，均可用照度计定时测定光强度。此外，还要测定水温、pH、透明度（或浊度）、电导率等水质状态参数。野外工作还要详细记录当天的天气情况，如晴、阴、雨、风向、风力等，以备实验分析时参考。

（3）6h 后取瓶，用溶氧仪分别测定黑瓶、白瓶的溶解氧（先测黑瓶，再测白瓶）。同时还要重复步骤（2），再次测定相关指标或参数，并作记录。

21.5 数据计算

（1）溶氧量单位均以 mg/(L·h) 表示。

$$呼吸作用量(R) = IB - DB \tag{21-7}$$
$$总生产力(PG) = LB - DB \tag{21-8}$$
$$净生产力(PN) = LB - IB \tag{21-9}$$

式中，IB 为原初溶氧量；LB 为白瓶溶氧量；DB 为黑瓶溶氧量。

（2）计算日总产量和日净产量，单位均为 mg/(L·d)。

（3）将 O_2 量转换成 C 量。

21.6 讨论

（1）分析用黑白瓶法测定水生生态系统初级生产力的优缺点。

（2）初级生产力的测定方法还有哪些？

（3）影响水生生态系统初级生产力的因素有哪些？

（4）电导率的单位是什么？实验中测定电导率的目的是什么？

（5）盐度的单位是什么？实验中测定盐度的目的是什么？

（6）照度的概念与单位是什么？用照度作为光对植物光合作用的影响因素是否合适？有更为合适的指标与测定仪器吗？它的单位是什么？

21.7 实验记录和报告

（1）实验名称

（2）实验日期

（3）指导教师

（4）学生姓名

（5）原始记录

参考文献

[1] James M Ebeling, Michael B Timmons, Bisogni J J. Understanding Photoautotrophic, Autotrophic, and Heterotrophic Bacterial Based Systems Using Basic Water Quality Parameters. Roanoke: 6th International Recirculating Aquaculture Conference, 2006.

[2] Redfield A C, Ketchum B H, Richards F A. The Influence of Organisms on the Composition of Sea-Water, in: Hill M N （Ed）. The Composition of Seawater: Comparative and Descriptive Oceanogra-

phy. The Sea：Ideas and Observations on Progress in the Study of the Seas，1963，2：26-77.

［3］ Werner Stumm，James J Morgan. Aquatic Chemistry：Chemical Equilibria and Rates in Natural Waters (3rd Edition). New York：John Wiley & Sons，Inc. ，1996.

［4］ 北京师范大学，华东师范大学.动物生态学实验指导.北京：高等教育出版社，1983.

［5］ 章家恩.生态学常用实验研究方法与技术.北京：化学工业出版社，2007.

实验二十二
次级生产力的测定

22.1 实验目的

（1）了解生态系统次级生产力的概念、特点与影响因素；
（2）初步掌握水体生态系统的次级生产力测定方法。

22.2 实验原理

（1）次级生产力的概念、特点与影响因素

消费者将其食物中的化学能转化为自身组织中的化学能的过程，称为次级生产过程。在此过程中，消费者转化能量、合成有机物质的能力，称为次级生产力。或者，一般地，单位时间、单位空间内，通过植食性动物、各级肉食动物以及异养微生物的生长、繁殖而增加的生物量或储存的能量，即是次级生产力（龚志军，2001；刘旭东，2018；符裕红，2020）。

由于营养层次的不同，可将次级生产量划分为不同的等级。当异养生物直接利用初级生产量时，便形成二级产量（植食性动物的产量）；植食性动物被食后形成三级产量，以此类推。处于食物链最终环节的产量称终级生产力。但由于动物摄食的复杂性，往往难以确定其究竟是处于哪一级生产力。

次级生产力是生态系统新陈代谢的结果，受到多种环境因子的影响。任何能影响其新陈代谢、生长、繁殖的因素都将影响其次级生产力。如农业生态系统的次级生产力，既与次级生产者的生物种性、个体大小有关（能量和蛋白质的转化率），也受温度、养（种）殖环境与技术等所制约。而对于海洋生态系统，制约其次级生产力的因素则更为多样，如生物种类与组成、丰度、生境类型和栖息地环境条件、个体重量、生物量、食物数量和质量、栖息密度、移动方式、水深、温度、盐度、溶解氧、水体营养状态、水动力条件、生物间的相互关系、沉积物中叶绿素 a 和有机碳含量、沉积物有机质含量、无机氮、活性磷酸盐、沉积物硫化物含量等（Maria L Tumbiolo，1994；王宗兴，2011）。

作为衡量生物群落结构特征及其生产能力的重要指标之一（John A. Downing，1984），次级生产力既可用于反映自然资源的分布、评估生态系统的状态，也可在生态动力学机制的定量研究方面扮演重要角色，同时对于自然资源的合理化配置等也具有重要的指导意义（Thomas F Waters，1977）。

目前，国内外关于次级生产力的形成及其影响因子的研究非常广泛，尤其是其计算方式与估算方法和模型方面（严娟，2012）。

（2）次级生产力的计算原理

计算次级生产力是研究生态系统能量和物质流动的基础，并且对生态资源的管理具有非常重要的作用，也是评价生态系统中各成分潜在营养功能的首要途径。次级生产力的计算，从理论上来说有以下几种途径。

① 通过同化量和呼吸量来估计次级生产量（符裕红，2020）

次级生产量＝同化量－呼吸量，而同化量可通过摄食量和排泄量估计，即同化量＝摄食量－排泄量，于是，次级生产量＝同化量－呼吸量＝摄食量－排泄量－呼吸量。由于直接测定同化量（A）比较困难，所以，通常都是通过测定动物的摄食量（C，或称消耗量）和粪尿量（FU），并按 $A=C-FU$ 求得。

在测定摄食量的试验中，同时可测定粪尿量。同化量中用于维持消耗的能量，可以直接把动物放入热量测定仪中测定，或者间接地用呼吸仪测定耗氧量或 CO_2 排出量，然后再转化为热值。

② 根据生殖后代的生产量（P_r）和个体的生长或增重量（P_g）来估计次级生产量 P：

$$P = P_r + P_g \tag{22-1}$$

式中，P_r 是生殖后代的生产量部分，P_g 是个体生长或增重的部分。要测定 P_r 就要测定种群的新生个体数目（V_r），还要测定新生个体的平均体重（$\overline{w}_r$）。

$$P_r = V_r \times \overline{w}_r \tag{22-2}$$

③ 按平均日生长率估计次级生产量

假如能获知动物的平均日增重量（w），同时能得到在一定时间（T）中的平均个体数（$\overline{N}$），那么就能应用下面公式来估计种群的生产量：

$$P_g = w \times \overline{N} \times T \tag{22-3}$$

因为生长率随年龄变化而变化，如果应用一个日生长率来估计整个生命期，会出现较大误差，因此在实践上必须分别测定各个个体发育期中的日生长率（或者至少以各年龄组或各体重组的日生长率来代替），这样将各个发育期的特殊生长率（如体重 w_s）分别与各个发育期的平均个体数量 $\overline{N}_s$ 以及时间 T 相乘，然后将其累和起来：

$$P_g = \sum w_s \times \overline{N}_s \times T \tag{22-4}$$

为了计算全部生产量（P），当然还应加上 P_r。不过在 $w \times \overline{N} \times T$ 中还包括妊娠雌体的胚胎重量。

④ 根据周转率（θ）来估计次级生产量

周转率（θ）是指一定时间内种群或群落的次级生产力（P）与平均现存生物量（B）的比值，又称周转率。可将 θ 视为生物量轮回的次数，或种群生物量的更新次数（Maria L Tumbiolo，1994），其值高低与生物的生命周期有关，反映了一个生态群落内种群的年龄结构和群落组成的特异性以及不同物种新陈代谢速率的高低和世代更新速度（Thomas F Waters，1977；Michele Mistri，1994；李新正，2005）。Victor Ugo Ceccherelli（1991）的研究证实，个体较小、生命史较短、繁殖较快、繁殖率较高、对环境变化适应能力较强的种类，其 P/B 较高；反之，P/B 较低。

若已知周转率 θ，则由 $P = \overline{B} \times \theta$ 即可得到次级生产量。例如，一个动物种群的平均生态寿命是 13 周（即 1/4 年），那么一年中该种群能周转 4 次，则一年的生产量为：

$$P = \overline{B} \times \theta = 4\overline{B} \tag{22-5}$$

（3）底栖动物的次级生产量及其估算

底栖动物（Zoobenthos）是指生活史的全部或大部分均生活于水体底部的水生动物类群。在通常的研究中，一般将不能通过 0.5mm 孔径筛网的个体称为大型底栖动物（Macrozoobenthos），主要由水栖寡毛类、软体动物、水生昆虫及其幼虫等大型无脊椎动物组成。

与浮游生物相比，大型底栖动物由于移动能力弱、活动范围有限、对环境变化敏感、种类组成和数量变动能灵敏地反映底栖环境的变化特征，可作为生境稳定程度的监测指标，是重要的环境监测指示者；通过掘穴和建管等活动维持水体生态系统的结构与功能，参与生物地球化学循环（Heip，2001）；此外，大型底栖动物生活在泥水界面交界处，本身既取食浮游生物、底栖藻类和有机碎屑等基础食物资源，又是鱼类等游泳动物的重要食物来源，由此产生大量的物质和能量流动，在整个底栖生态系统的物质循环和能量流动过程中起着承上启下的作用。以上特点使得底栖动物生产力的研究受到了广泛和格外的关注（刘旭东，2018；储咪江，2016）。

探讨大型底栖动物的次级生产力除可了解其群落结构特征以及其所处环境中的物质循环和能量流动过程外，还有助于更深入地理解和研究整个海洋系统的生态动力学机制以及海洋生物资源的持续利用与生态化开发、评价海洋环境压力和保护海洋生态系统健康、合理化配置自然资源（全秋梅，2020；焦海峰，2011）。但这一切都有赖于次级生产力的估算。

海洋大型底栖动物群落次级生产力的估算发展于 20 世纪 70 年代，采用的多是一些经典算法，如同生群法（包括减员累计法、增长累计法、瞬时增长法、Allen 曲线法）和非同生群法（体长频率法），但有些数据不易获得，估算过程复杂费力。随着时代的发展和科技的进步，以及广大生态工作者的不断探索，逐渐发展出一些计算简单、估算结果更加真实可靠的模型（刘旭东，2018）。现将目前广泛使用的、基于种群特征（组成、丰度、生物量等）与环境参数（温度、水深、溶解氧、叶绿素 a 等）的经验模型列示如下（Soliman，2008）。

① Thomas Brey（1990）经验公式

利用 Thomas Brey 经验公式，可进行逐种计算、按站位计算或按类群计算。

$$\lg P = a + b_1 \lg B + b_2 \lg W \tag{22-6}$$

式中，P 为各站位大型底栖动物次级生产力，$\frac{g\ AFDW}{m^2 \cdot a}$；[AFDW 为去灰分干重（Ash-Free Dry Weight）]；B 为各站位大型底栖动物年平均去灰干重生物量，$\frac{g\ AFDW}{m^2}$；W 为各站位大型底栖动物个体年平均去灰干重，$\frac{g\ AFDW}{ind}$，ind 为个体的意思（individual）；不同类群的 a、b_1 和 b_2 均不同。

为方便计算，在实际应用中通常将上式转换为：

$$\lg P = a \lg A + b \lg B + c \tag{22-7}$$

式中，A 为大型底栖动物年平均丰度，ind/m^2。

Thomas Brey（1990）经验模型虽然只涉及了丰度和生物量这两个参数（利用年平均生物量和年平均个体重这两个参数，直接计算各个种群的次级生产力，再将群落中所有种群的次级生产力相加，即得到整个群落的次级生产力），但由于各类群在模型公式中的系数值不同，且有各自的去灰干重转换系数，所以尽管方法简单，但理论上该方法的结果比较准确，只是当样本所含物种数较少时，估算误差可能很大（王淑慧，2016）。

② Celine Plante，John A. Downing（1989）模型

$$\lg P = a + b\lg B + cT + d\lg W \tag{22-8}$$

式中，P 为生产力；B 为平均生物量；T 为环境温度；W 为个体均重。

③ Arthur C. Benke（1993）模型

$$\lg(P/B) = a + cT + d\lg W \tag{22-9}$$

④ Maria L. Tumbiolo，John A. Downing（1994）模型

Tumbiolo 和 Downing 参考了 Brey 经验公式和 Plante-Downing 的估算模型，将底栖生物群落和环境因子结合起来，建立了一个适用范围更广的计算公式：

$$\lg P = a + b\lg B + c\lg W_m + dT_b + eT_b\lg(Z+1) \tag{22-10}$$

式中，P 为底栖动物年次级生产力（以干重计），g/(m^2·a)；B 为年平均生物量（以干重计），g/m^2；T_b 为底层水温，℃；Z 为平均水深，m；W_m 为群落最大个体重量（以干重计），mg。

⑤ Brey 估算模型

此模型包含了群落参数（生物量、丰度和个体大小）和环境参数（水温、水深），还涉及了其他海洋环境特征和群落结构特征参数。

总之，不同方法估算同一海域次级生产力结果不同，同一估算方法估算不同生境不同群落次级生产力结果偏差也不同。今后的工作应注重种群次级生产力研究，积累大量基础数据，以便建立适宜特定海域的大型底栖动物次级生产力估算模型（张崇良，2011）。

（4）本实验的考虑

在国内外大量关于（大型）底栖动物次级生产力的研究中，绝大多数都是探讨优势种、群落结构、丰度和生物量的变化，次级生产力和 P/B 的时空分布，次级生产力和环境因子之间关系（温度、水深、溶解氧水平），年平均次级生产力组成，次级生产力的分布格局，不同海域年平均次级生产力比较，次级生产力与环境因子的 CCA 分析等，尽管也出现过少量包括单个物种或一类物种的报道（任鹏，2016；熊晶，2011；林岢璇，2008），似乎可给一般的教学实验条件下开展次级生产力实验提供借鉴，但终究存在着实验条件难以满足、实验周期长、难以培养等困难，为此，本实验主要是通过模式动物——大型蚤对国际标准指示生物——斜生栅藻的取食观察，计算单位时间、单位个体大型蚤对栅藻的摄食量，以此作为次级生产力的计量标准。这虽然只是水体次级生产力的一小部分，却也是计算其他次级生产力指标的基础数据之一。

22.3　实验器材

藻液（小球藻或斜生栅藻），大型蚤（图 22-1），血球计数板，盖玻片，计时器，计数器，大口吸管，细口吸管，显微镜，镜头纸，纱布，50mL 量筒一只，10mL 量筒一只。

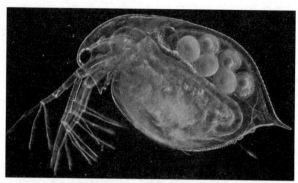

(a) 大型蚤

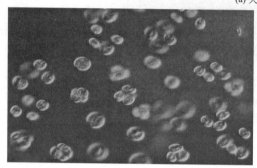

(b) 小球藻

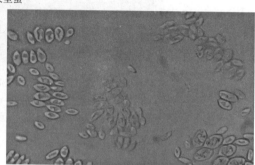

(c) 斜生栅藻

图 22-1　实验生物

22.4　实验步骤

（1）实验前一天，取经适当时间培养的藻液（小球藻或斜生栅藻），静置备用。

（2）取上清液作原藻液，以吸管多次往里吹气，使之混合均匀。

（3）吸取充分混匀的原藻液，滴于血球计数板上，加盖玻片（注意：不要产生气泡），通过显微镜观察计数，以确立原藻液浓度是否合适。原藻液浓度在 5.0×10^4 个/mL 左右比较合适。浓度过高，大型蚤取食前后数量相差不大，误差大，应稀释之；浓度过低，不便于显微计数。

（4）用大口吸管吸取 20 只个体大小均匀、没有卵的成年大型蚤到 50mL 量筒中；再往其中加入前述原藻液，并定容至 30mL；接着，快速混匀之，并马上从中吸出藻液 5mL（不要把大型蚤吸出来）到 10mL 量筒中，立即开始计时。

（5）将吸出的 5mL 藻液混匀后进行计数，算出藻细胞浓度 C_1（个/mL）。

（6）待含 25mL（因前一步骤取出了 5mL）藻和蚤混合液的 50mL 量筒中的大型蚤取食 1h 后，取其中的藻液用于显微计数，算出其浓度 C_2（个/mL）。

（7）依据公式 $C = (C_1 - C_2) \times 25/20$，计算大型蚤的摄食量，即每只大型蚤 1h 内摄食的藻细胞个数。

二维码22-1
次级生产力实验

22.5　注意事项

（1）实验用玻璃器皿一般用洗涤剂洗涤后，用蒸馏水冲洗干净即可，而不用重铬酸钾等洗液洗涤，以防重金属离子影响实验结果。

（2）整个实验操作过程要求正确、迅速，尽量减少因时间或取液量不准等引起的误差。

（3）进行计数前，应将藻液混合均匀。

22.6　讨论

（1）次级生产力的测定方法有哪些具体说明？

（2）设计一个完整的测定动物次级生产力的方案。

22.7　实验记录与报告

（1）实验名称

（2）实验日期

（3）指导教师

（4）学生姓名

（5）原始记录

（6）实验报告

参考文献

［1］　Arthur C Benke. Concepts and Patterns of Invertebrate Production in Running Waters. Internationale Vereinigung für Theoretische und Angewandte Limnologie：Verhandlungen，1993，25（1）：15-38.

［2］　Heipa C H R，Duineveldb G，Flach E，et al. The Role of the Benthic Biota in Sedimentary Metabolism and Sediment-Water Exchange Processes in the Goban Spur area（NE Atlantic）. Deep Sea Research Part Ⅱ：Topical Studies in Oceanography，2001，48（14-15）：3223-3243.

［3］　Celine Plante，John A Downing. Production of Freshwater Invertebrate Populations in Lakes. Canadian Journal of Fisheries and Aquatic Science，1989，46（9）：1489-1498.

［4］　John A Downing. Assessment of Secondary Production：The First Step. A Manual on Methods for the Assessment of Secondary Productivity in Fresh Waters. IBP Handbook，No. 16. 2nd Edition. Oxford：Blackwell Scientific Publications，1984：1-18.

［5］　Makoto Omori，Tsutomu Lkeda. Methods in Marine Zooplankton Ecology. New York：John Wiley & Sons, Inc.，1984.

［6］　Maria L Tumbiolo，John A Downing. An Empirical Model for the Secondary Production in Marine Benthic Invertebrate Populations. Marine Ecology Progress Series，1994，114：165-174.

［7］　Michele Mistri，Victor Ugo Ceccherelli. Growth and Secondary Production of the Mediterranean Gorgonian *Paramuricea clavata*. Marine Ecology Progress Series，1994，103：291-296.

［8］　Thomas Brey. A Collection of Empirical Relations for Use in Ecological Modelling. Naga, the ICLARM

Quarterly，1999，22（3）：24-28.

[9]　Thomas Brey. A Multi-parameter Artificial Neural Network Model to Estimate Macro-benthic Inverte-brate Productivity and Production. Limnology and Oceanography：Methods，2012，10（8）：581-589.

[10]　Thomas Brey. Estimating Productivity of Macro-benthic Invertebrates from Biomass and Mean Individual Weight. Archive of Fishery and Marine Research，1990，32（4）：329-343.

[11]　Thomas Brey. Population Dynamics in Benthic Invertebrates：A Virtual Handbook［2022-05-20］. http：//www. thomas-brey. de/science/virtualhandbook/，Version 01. 2.

[12]　Thomas F Waters. Secondary Production in Inland Waters. Advances in Ecological Research，1977，10：91-164.

[13]　Victor Ugo Ceccherelli，Michele Mistri. Production of the Meiobenthic Harpacticoid Copepod *Canuella perplexa*. Marine Ecology Progress Series，1991，68：225-234.

[14]　Soliman Y S，Rowe G T. Secondary Production of *Ampelisca mississippiana* Soliman and Wicksten 2007（Amphipoda，Crustacea）in the Head of the Mississippi Canyon，Northern Gulf of Mexico. Deep-Sea Research Ⅱ，2008，55：2692-2698.

[15]　大森信，池田勉. 海洋浮游动物生态学的研究方法. 陈青松，曹秀珍，译. 北京：农业出版社，1990.

[16]　储泰江，盛强，王思凯，等. 沿潮沟级别大型底栖动物群落的次级生产力空间变异. 复旦学报（自然科学版），2016，55（4）：460-470.

[17]　符裕红，刘讯，彭雪梅，等. 生态学基础实验教程. 北京：中国农业大学出版社，2020.

[18]　龚志军，谢平，阎云君. 底栖动物次级生产力研究的理论与方法. 湖泊科学，2001，13（1）：79-88.

[19]　焦海峰，施慧雄，尤仲杰，等. 浙江渔山列岛岩礁潮间带大型底栖动物次级生产力. 应用生态学报，2011，22（8）：2173-2178.

[20]　李新正，王洪法，张宝琳. 胶州湾大型底栖动物次级生产力初探. 海洋与湖沼，2005，36（6）：527-533.

[21]　林岿璇，韩洁，林旭吟. 厦门潮间带小头虫（*Capitella capitata*）的种群动态及次级生产力研究. 北京师范大学学报（自然科学版），2008，44（3）：314-318.

[22]　刘旭东，于建钊，张晓红，等. 胶州湾大型底栖动物的次级生产力. 中国环境监测，2018，34（6）：47-51.

[23]　全秋梅，徐姗楠，肖雅元，等. 胶州湾大型底栖动物次级生产力. 中国水产科学，2020，27（4）：414-426.

[24]　任鹏，李海宏，鲍毅新，等. 茅埏岛大型底栖动物次级生产力时空变化. 生态学杂志，2016，35（1）：174-182.

[25]　王淑慧，王振钟，季相星. 乳山湾内外大型底栖动物群落次级生产力初步研究. 中国海洋大学学报，2016，46（6）：134-141.

[26]　王宗兴，孙丕喜，刘彩霞，等. 桑沟湾大型底栖动物的次级生产力. 应用与环境生物学报，2011，17（4）：495-498.

[27]　熊晶，谢志才，蒋小明，等. 转基因鱼试验湖泊铜锈环棱螺种群动态及次级生产力. 生态学报，2011，31（3）：7112-7118.

[28]　严娟，庄平，侯俊利，等. 长江口潮间带大型底栖动物次级生产力及其影响因子. 应用与环境生物学报，2012，18（6）：935-942.

[29]　张崇良，徐宾铎，任一平. 胶州湾潮间带大型底栖动物次级生产力的时空变化. 生态学报，2011，31（17）：5071-5080.

实验二十三
植物群落物种多样性指数的测定

23.1　实验目的

通过对植物群落中种的多样性的测定，认识多样性指数的生态学意义及掌握测定种的多样性的方法（图 23-1）。

图 23-1　实验地点

23.2　实验器材

$1m^2$ 样方框、铅笔、野外调查记录表格、计算器。

23.3　实验操作的一般性说明

多样性指数是以数学公式描述群落结构特征的一种方法。在调查了植物群落的种类及其数量之后，选定合适的多样性公式，即可计算反映群落结构的多样性指数。

计算多样性的公式有很多，形式各异，而实质是差不多的。大部分多样性指数中，组成群落的生物种类越多，其多样性指数的数值就越大。

种的多样性指数的测定有以下几方面的生态学意义：

（1）是刻画群落结构特征的一个指标。

（2）用来比较两个群落的复杂性，作为评价环境质量和比较资源丰富程度的指标。

（3）若比较处于演替阶段的植物群落之多样性，可揭示其演替方向、速度及程度。

本实验采用 Simpson 多样性指数和 Shannon-Wiener 多样性指数进行练习。关于其他生物多样性指数的模型及其计算过程，请参见文献马寨璞（2020）和张峰（2011）。

Simpson 多样性指数：

$$D = 1 - \sum_{i=1}^{s} p_i^2 = 1 - \sum_{i=1}^{s} \frac{n_i(n_i-1)}{N(N-1)} \tag{23-1}$$

Shannon-Wiener 多样性指数：

$$H = -\sum_{i=1}^{s} p_i \ln p_i = \ln N - \frac{1}{N}\sum_{i=1}^{s} n_i \ln n_i = 3.3219\left(\lg N - \frac{1}{N}\sum_{i=1}^{s} n_i \lg n_i\right) \tag{23-2}$$

式中，N 是所有种的个体总数；n_i 是第 i 种的个体数；s 是物种的种类数；p_i 是第 i 种在群落中所占的比例，$p_i = \dfrac{n_i}{N}$。

Shannon 和 Wiener 曾经各自独立地推导出了基于信息论的多样性指数公式，但现今世人常以"Shannon 指数"称之。此指数有时也会被误称为"Shannon-Weaver 指数"，此乃因为 1949 年 Shannon 和 Weaver 合著了 *The Mathematical Theory of Communication* 一书的缘故。

为了具体说明这一方法，现举一实例。

表 23-1 随机取样 10 个样方（乔木层）的原始数据（样方面积 25m×20m）

物种名称	样方编号									
	1	2	3	4	5	6	7	8	9	10
黄檀	4	3	1	5	15	3	4	5	15	
马尾松	3		9	2				11	8	10
枫香	4		4		1		7		10	14
黄连木	1					3	1	4		
栓皮栎	31	3	5		32		3			2
四蕊朴						4				
榔榆	1	2	1		3			1	2	
黑松		37	30	37			45			
白栎		1	1			21			1	2
麻栎	7	1								2
紫薇	1	3	2	1						
黑枣				1	1	1				
化香树	3					2		12		
苦槠		2					2			
青冈		2					2			
苦木								5		

续表

物种名称	样方编号									
	1	2	3	4	5	6	7	8	9	10
洋槐						40				2
臭椿									9	
种类合计	9	9	8	5	5	7	7	6	6	6
数量合计	55	54	53	46	52	74	64	38	45	32
辛普森指数	0.661	0.526	0.646	0.346	0.544	0.629	0.493	0.791	0.783	0.718
香农指数	1.503	1.255	1.389	0.719	0.974	1.263	1.088	1.589	1.552	1.418

对表 23-1 所述植被调查的原始数据做多样性分析，分别绘出 Simpson 和 Shannon-Wiener 多样性指数的平均数控制图，如图 23-2、图 23-3 所示。

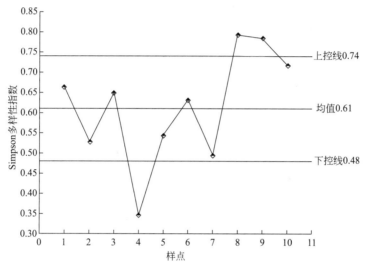

图 23-2　Simpson 多样性指数平均数控制图

对于 Simpson 多样性指数平均数控制图：

$$\bar{x}=0.61 \quad s=0.14 \tag{23-3}$$

上控线：

$$\bar{x}+3\times\frac{s}{\sqrt{n}}=0.61+3\times\frac{0.14}{\sqrt{10}}=0.74 \tag{23-4}$$

下控线：

$$\bar{x}-3\times\frac{s}{\sqrt{n}}=0.61-3\times\frac{0.14}{\sqrt{10}}=0.48 \tag{23-5}$$

对于 Shannon-Wiener 多样性指数平均数控制图：

$$\bar{x}=1.28 \quad s=0.28 \tag{23-6}$$

上控线：

$$\bar{x}+3\times\frac{s}{\sqrt{n}}=1.28+3\times\frac{0.28}{\sqrt{10}}=1.55 \tag{23-7}$$

下控线：

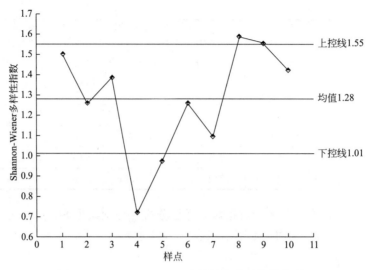

图 23-3　Shannon-Wiener 多样性指数平均数控制图

$$\bar{x}-3\times\frac{s}{\sqrt{n}}=1.28-3\times\frac{0.28}{\sqrt{10}}=1.01 \qquad (23\text{-}8)$$

从控制图可知，10 个样方的种多样性是有差别的，可分为三组：4 和 5 样方的多样性最低；1、2、3、6、7 和 10 样方次之，8 和 9 样方最高。而且两种多样性指数的结果是一致的。

23.4　实验步骤

每 3～4 个学生为一组，在几个已知的群落类型里分别用 $1m^2$ 的样方观察和数算其中的植物种类及每一种类的个体数。在每种类型里重复取样 10 次，样方随机放置。在辨认一些未知植物时，可采用一些手机 App，如中国科学院植物研究所开发的"花伴侣"或其他同类 App。全班同学最好采用同一款 App，免得在统计植物种类时，导致不必要的混乱。

23.5　讨论

（1）按群落类型整理合并数据，并分别计算 Simpson 和 Shannon-Wiener 多样性指数。

（2）分别绘制 Simpson 和 Shannon-Wiener 多样性指数的平均数控制图，判断不同群落中种的多样性差别。

（3）多样性指数有群落分析中的作用，比较不同群落类型的多样性指数，分析相同或相异的原因，并做出生态学意义上的解释。

23.6　实验记录和报告

（1）实验名称
（2）实验日期
（3）指导教师

（4）学生姓名

（5）原始记录

（6）实验报告

23.7　附录

多样性指数及其平均值和标准差的计算，除手动计算外，还可以通过以下几种方法或辅助手段。

（1）从官方网站下载 Excel 宏包"Diversity Index Calculator"，正确加载后即可使用。该宏包可计算多种指数，包括 Simpson 指数、Shannon 指数、Shaneven 指数、Brillouin 指数、Brileven 指数、McIntosh 指数、McEven 指数和 Margalef 指数等。计算前，需要先将数据整理成该宏包规定的样式。

（2）从官方网站下载"Past"（免费软件）。注意：需要先将数据整理成该软件规定的样式，即数据块的列代表的是样方，行代表的是物种数。

（3）利用 R 软件的包（package）"BiodiversityR"或"vegan"计算。具体过程请参阅各自的使用手册。

（4）既已求得各个样方的指数，便可利用 Excel 的函数 AVERAGE() 求算平均值，同时利用函数 STDEV. S() 计算标准差。

参考文献

［1］　Anne E Magurran. Ecological Diversity and Its Measurement. Princeton：Princeton University Press，1988.

［2］　Anne E Magurran. Measuring Biological Diversity. Oxford：Blackwell Science Ltd.，a Blackwell Publishers Company，2004.

［3］　Charles J Krebs. Ecological Methodology (2nd Edition). New York：Harper and Row，1999.

［4］　Charles J Krebs. Ecology：The Experimental Analysis of Distribution and Abundance (6th Edition). New York：Harper and Row，2014.

［5］　Claude E Shannon，Warren Weaver. The Mathematical Theory of Communication. Illinois：Urbana University of Illinois Press. 1949.

［6］　Claude E Shannon. A Mathematical Theory of Communication. The Bell System Technical Journal，1948，27（3）：379-423.

［7］　Joseph H Greenberg. The Measurement of Linguistic Diversity. Language，1956，32（1）：105-119.

［8］　Margalef D Ramon. Information Theory in Ecology. International Journal of General Systems，1958，3：36-71.

［9］　Mark Oliver Hill. Diversity and Evenness：A Unifying Nation and Its Consequences. Ecology，1973，54（2）：427-432.

［10］　Michael Begon. Ecology，from Individuals to Ecosystems (4th Edition). New York：Wiley-Blackwell Science Ltd.，2006.

［11］　Pielou Evelyn Chrystalla. An Introduction to Mathematical Ecology. New York：John Wiley & Sons，Inc.，1969.

［12］　Pielou Evelyn Chrystalla. The Use of Information Theory in the Study of the Diversity of Biological Populations，Proceedings of the Fifth Berkeley Symposium on Mathematical Statistics and Probability.

Berkeley：University of California，1967.

[13] Robert K Peet. The Measurement of Species Diversity. Annual Review of Ecology and Systematics，1974，5：285-307.

[14] Simpson H Edward. Measurement of Diversity. Nature，1949，163：688.

[15] Stuart H Hurlbert. The Nonconcept of Species Diversity：A Critique and Alternative Parameters. Ecology，1971，52（4）：577-586.

[16] Thomas Richard Edmund Southwood，Peter A Henderson. Ecological Methodology（3rd Edition）. Oxford：Blackwell Science Ltd. , a Blackwell Publishers Company，2009.

[17] Washington H G. Diversity，Biotic and Similarity Indices：A Review with Special Relavance to Aquatic Ecosystems. Water Research，1984，18（6）：653-694.

[18] Whittaker R H. Evolution and Measurement of Sprcies Diversity. Taxen，1972，21（2/3）：213-251.

[19] William H Romme. Fire and Landscape Diversity in Subalpine Forests of Yellowstone National Park. Ecological Monographs，1982，52（2）：199-221.

[20] 戈峰. 现代生态学. 北京：科学出版社，2002.

[21] 郭水良，于晶，陈国奇. 生态学数据分析：方法、程序与软件. 北京：科学出版社，2015.

[22] 李振基，陈圣宾. 群落生态学. 北京：气象出版社，2011.

[23] 林文雄. 生态学. 第2版. 北京：科学出版社，2013.

[24] 柳劲松，王丽华，宋秀娟. 环境生态学基础. 北京：化学工业出版社，2003.

[25] 马寨璞，刘桂霞. 实用数量生态学. 北京：科学出版社，2020.

[26] 内蒙古大学生物系. 植物生态学实验. 北京：高等教育出版社，1986.

[27] 宋永昌. 植被生态学. 第2版. 北京：高等教育出版社，2017.

[28] 孙儒泳. 普通生态学. 北京：高等教育出版社，1993.

[29] Anne E Magurran. 生物多样性测度. 张峰，主译. 北京：科学出版社，2011.

[30] 张金屯. 数量生态学. 第3版. 北京：科学出版社，2018.

实验二十四
植物群落的种-面积曲线

24.1 实验目的

通过特定群落种-面积曲线的绘制,掌握确定样方面积的方法。

24.2 实验的背景知识

植物群落调查可能达到下列目的:

(1) 不同群落的相互比较、进行分类,以达到认识群落的目的。

(2) 将植物群落的分布或变异与生境条件的变化加以比较,阐明群落与环境的联系。

(3) 对同一群落类型进行分析,阐明它的内部结构与均匀程度。

(4) 将同一群落在不同时期加以比较,说明它的动态变化规律。

不管想达到哪个目的,都要对群落进行调查。群落的数量特征是群落调查的重要内容,在植物生态学日益成为定量科学的今天尤其如此。但是,在不同学派与不同学者之间,对同一数量特征常常使用不同的名词,而同一名词又常常被赋予不同的含义。为了避免混乱和误解,现将有关名词及其含义分述如下。

密度(D):单位面积上特定种的株数。

相对密度(RD):某种植物的个体数目/全部植物的个体数目。

密度比(DR):某个种的密度/最大密度种的密度。

盖度(C):植物地上部分的投影面积(以百分数表示),枝叶空隙不计在内。

相对盖度(RC):某一种的盖度/所有种盖度的总和。

盖度比(CR):某一种的盖度/盖度最大种的盖度。

优势度(DO):盖度或植物断面积。

相对优势度(RDE):一个种的优势度/所有种的优势度之和。

频度(F):某种植物出现的样方数目对全部样方数目的百分数。

相对频度(RF):某一种的频度/全部种的频度之和。

频度比(FR):某一种的频度/主要建群种的频度。

高度(H):植物体自然高度。

相对高度(RH):某个种的高度/所有种高度之和。

高度比(HR):某个种的高度/群落中最大高度种的高度。

重要值(IV):相对密度+相对优势度+相对频度。

质量(W):单位面积地上部分产量(干重或鲜重)。

相对质量（RW）：某个种的质量/所有种质量之和。

质量比（WR）：某个种的质量/群落中质量最大种之质量。

总优势比（SDR）：可分为二因子、三因子、四因子总优势比等。

如二因子总优势比：

$$SDR_2 = \frac{CR+HR}{2} \quad\quad SDR_2 = \frac{CR+DR}{2} \quad\quad (24\text{-}1)$$

三因子总优势比：

$$SDR_3 = \frac{CR+HR+DR}{3} \quad\quad (24\text{-}2)$$

四因子总优势比：

$$SDR_4 = \frac{CR+HR+DR+FR}{4} \quad\quad (24\text{-}3)$$

在野外进行群落数量特征研究时，涉及的对象是庞大的或无法确知的整体，由于时间、财力和人力的限制，我们不可能将全部对象进行研究，只能从中选取一小部分作为样本，从样本分析得到对总体的推断。对样本的要求应该是既能代表总体，又要使抽样的数目尽可能少。怎样同时较好地满足这两个要求，是取样要解决的问题。

取样有两种做法：一种是根据主观判断选出"典型"样品，即主观取样法，许多植物群落学派一直采用这种方法。其优点是迅速简便，有经验的人来做有时可得到很有价值的结果。其缺点是无法对其估量进行显著性测验，因而无法确定其置信区间，其应用的可靠程度无法事先预测。另一种是客观取样法，或叫概率取样法。因为每一个取样单位被抽取的概率是已知的，它不但可以得出一个估量，而且能计算估计量的置信区间。有了这些客观的数量指标，就可以明确知道样品代表性的可靠程度。因此，我们应该尽量采用客观取样方法。

在植物群落的研究工作中，采用客观取样的方法越来越多。进行数量特征的测定和应用数量方法的研究，更离不开客观取样方法。一般常用的客观取样方法有以下几种：随机取样、规则取样（系统取样）与分层取样。一般认为随机取样是理想的方法，要求每一样品单位具有同等的被选择机会，可在互相垂直的两个轴上利用成对随机数字作距离来确定样品的位置。其缺点是样品在面积上的分布是不均匀的。规则取样可以做到在面积上的规则排列，先随机决定一个样品单位，然后隔一定数目的取样单位取一样品，如样线法。其缺点是不能计算样品平均数的标准误差之显著程度。但若在总体上基本呈随机分布、变异又不大的情况下，规则取样可获得满意的结果。分层取样是根据对总体特性的了解，将总体分成不同的区组，在区组内随机取样。在具有镶嵌现象或成带现象的场合，特别适用这种取样方式。我们在进行具体取样时，可根据研究目的和研究对象的特点，选择不同的取样方法。取样方法的准确性由总体本身的变异程度和取样数目所决定。在总体本身的变异程度已知的前提下，取多少数量的样方才能使误差符合研究目的的要求，这也是一个很重要的问题。此外，样方的形状与大小对取样也有着明显的影响，往往由于样方大小选得不合适，致使调查结果完全歪曲了真实特征，这是取样中的另一个重要问题。

取样方法确定之后，还有一个取样技术问题。群落调查常用的取样技术有样方法、样线法、点样法等。本实验主要围绕"种-面积"曲线的绘制而展开。

24.3　实验器材

钢卷尺、尼龙绳、铁条、方格纸、记录表格等。

24.4　实验操作的一般性说明

　　此法开始使用小样方，随后用一组逐渐扩大的巢式样方（图 24-1）逐一统计每个样方面积内的植物总数，以种的数目为纵坐标，样方面积为横坐标，绘制种-面积曲线。此曲线开始陡峭上升，而后水平延伸（有时会再上升）。曲线开始平伸的一点即是群落最小面积，它可以作为样方大小的初步标准。杨宝珍（1964）等对内蒙古草原、大针茅草原进行过此类测定，最初样方面积为 $1/100 \mathrm{m}^2$，依次扩大为 $1/16 \mathrm{m}^2$、$1/8 \mathrm{m}^2$、$1/4 \mathrm{m}^2$、$1/2 \mathrm{m}^2$、$1 \mathrm{m}^2$、$4 \mathrm{m}^2$、$8 \mathrm{m}^2$、$16 \mathrm{m}^2$。结果发现，$1/2 \mathrm{m}^2$ 已达曲线的转折点，面积再扩大 $1/10$，种群数量不超过 5%。法国 CEPE（Centre d'étude sur la pauvreté et l'exclusion，贫困与排斥问题研究中心）的生态学工作者用标准化了的巢式样方研究世界各地不同草本植被类型的种类数目特征，所用样方面积最初为 $1/64 \mathrm{m}^2$，之后依次为 $1/4 \mathrm{m}^2$、$1/2 \mathrm{m}^2$、$1 \mathrm{m}^2$、$4 \mathrm{m}^2$、$8 \mathrm{m}^2$、$16 \mathrm{m}^2$、$32 \mathrm{m}^2$、$64 \mathrm{m}^2$、$128 \mathrm{m}^2$、$256 \mathrm{m}^2$、$512 \mathrm{m}^2$ 等。他们把每含样地总种数 84% 的面积作为群落最小面积。对于阿尔卑斯山海拔 2200m 以上的高山草甸而言，这一面积为 $1 \mathrm{m}^2$，温带典型草甸为 $4 \mathrm{m}^2$，温带草原为 $8 \mathrm{m}^2$（在内蒙古草原的调查结果与此相符合），地中海地区草本植被为 $16 \mathrm{m}^2$，荒漠为 $128 \sim 256 \mathrm{m}^2$，而撒哈拉沙漠大于 $512 \mathrm{m}^2$。他们还发现，种数占 20% 的优势植物其盖度占总盖度的 80%，种数仅为总数 15% 的优势种却占群落总体积的 85%。

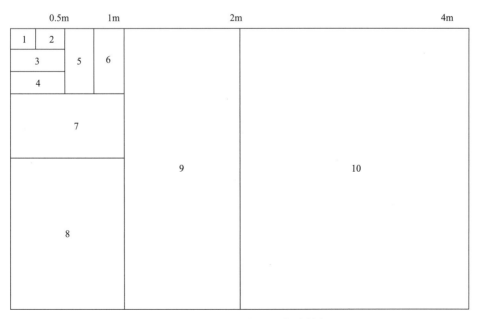

图 24-1　面积逐渐扩大的巢式样方

environ境生态学与环境生物学实验

24.5 实验步骤

在实验场所选取两种不同的群落（如灌丛、荒漠、草原、草甸、沼泽等），按 CEPE 巢式样方统计植物种，记入表内，并将结果绘制成种-面积曲线（图 24-2）。

应注意最小面积与种的生活型以及群落中种的多样性有关。样方面积应略大于最小面积。对草本群落一般为 $1\sim4\mathrm{m}^2$，灌木群落为 $4\sim16\mathrm{m}^2$，北方森林为 $100\sim400\mathrm{m}^2$，热带森林可能需要 $1000\mathrm{m}^2$ 以上。

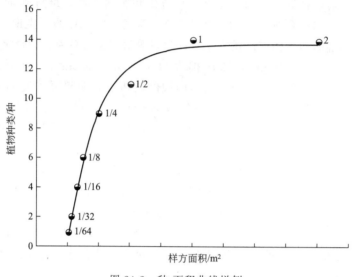

图 24-2　种-面积曲线样例

24.6 讨论

（1）如按面积扩大 1/10，种数增加不超过 5％计，所研究群落的最小面积为多大？如按包括样地总种数 84％计算，最小面积又是多大？你认为适宜的样方面积为多少（提示：可借鉴参考文献或附录中相应的模型，对实验数据进行拟合，然后对所得到的回归方程求导）？

（2）若以"群落表现面积"或"种的分布格局"衡量，最小面积又是如何？

24.7 实验记录和报告

（1）实验名称
（2）实验日期
（3）指导教师
（4）学生姓名
（5）原始记录
（6）实验报告

98

24.8　附录

为学习方便，现将上述参考文献中出现的主要"种-面积"模型方程，汇总列示如下。它们可分为非饱和模型和饱和模型两类，详见文献张金屯（2018）。

（1）非饱和模型

Arrhenius 模型（1921）：

$$y = k_1 x^{k_2} \tag{24-4}$$

Fisher 模型（1943）：

$$y = k_1 \ln(k_2 x + 1) \tag{24-5}$$

Arrchibald 模型（1949）：

$$y = \frac{k_1}{k_2 + x^{-k_3}} \tag{24-6}$$

Goodall 模型（1952）：

$$y = k \ln(x + 1) \tag{24-7}$$

Pascal 模型（1976）：

$$y = \frac{k_1 x}{1 + k_2 x} \tag{24-8}$$

Connor 模型（1979）：

$$y = k_1 \ln x + k_2 \tag{24-9}$$

Buys 模型（1994）：

$$y = (k_1 \ln x + k_2)^{k_3} \tag{24-10}$$

（2）饱和模型

仿 Logistic 模型：

$$y = \frac{k_1}{1 + k_2 e^{-k_3 x}} \tag{24-11}$$

仿 Michaelis-Menton 模型：

$$y = k_1 - k_2 e^{-k_3 x} \tag{24-12}$$

Miller 模型（1989）：

$$y = k_1 (1 - e^{-k_2 x}) \tag{24-13}$$

参考文献

[1] Arrchibald E E A. The Specific Character of Plant Communities：A Quantitative Approach. Journal of Ecology，1949，37：260-274.

[2] Arrhenius O. Species and Area. Journal of Ecology，1921，9：95-99.

[3] Buys M H，Maritz J S，Boucher C，et al. A Model for Species-area Relationships in Plant Communities. Journal of Vegetation Science，1994，5：63-66.

[4] Cain S A，Castro G M de O. Manual of Vegetation Analysis. New York：Harper and Row Publishers，

1959.

［5］ Connor E F，McCoy E D. The Statistics and Biology of the Species-area Relationship. American Naturalist，1979，113：791-833.

［6］ Goodall D W. Quantitative Aspects of Plant Distribution. Biological Reviews，1952，27：194-295.

［7］ Fisher R A，Corbet A，Williams C B. The Relation Between the Number of Species and the Number of Individuals in a Random Sample of an Animal Population. Journal of Animal Ecology，1943，12：42-58.

［8］ Miller R I，Weigert R G. Documenting Dompleteness，Species-area Relations and the Species-abundance Distribution of a Regional Flora. Ecology，1989，70 (1)：16-22.

［9］ Pascal de Caprariis，Richard H Lindemann，Catharine M Collins. A Method for Determining Optimum Sample Size in Species Diversity Studies. Mathematical Geology，1976，8 (8)：575-581.

［10］ Raymond Pearl，Lowell J Reed. On the Rate of Growth of the Population of the United States Since 1790 and Its Mathematical Representation. Proceedings of the National Academy of Sciences，1920，6 (6)：275-288.

［11］ 郭水良，于晶，陈国奇. 生态学数据分析：方法、程序与软件. 北京：科学出版社，2015.

［12］ 张金屯. 数量生态学. 第 3 版. 北京：科学出版社，2018.

［13］ 杨宝珍，李博，曾泗弟. 关于草原群落研究中样方面积大小的初步探讨. 植物生态学报，1964，(1)：111-117.

实验二十五
生态瓶的设计与制作及稳定性分析

25.1 实验目的

（1）掌握生态瓶维持稳定性的原理，学会设计和制作生态瓶这一微型生态系统；

（2）观察和记录生态瓶中各种生物的生存状况，理解影响生态系统稳定的各种因素；

（3）学会运用生态学原理，分析引起生态瓶内生态要素波动或变化的原因。

25.2 实验原理

从营养结构上讲，生态系统由四大成分组成：

（1）非生物环境，包括参加物质循环的无机元素和化合物，联结生物和非生物成分的有机物，以及气候或其他物理条件。

（2）生产者，能利用简单的无机物制造有机物的自养型生物。

（3）消费者，不能利用无机物制造有机物，而只能直接或间接依赖于生产者所制造的有机物，属于异养型生物。

（4）分解者，也属于异养型生物，其作用是将生物体中的复杂有机物分解为生产者能重新利用的简单化合物，并释放出能量。

自然生态系统几乎都属于开放式生态系统，而本实验所要建立的不与外界进行物质交换但允许阳光透入和热能交换的生态瓶，则属于微型封闭式生态系统。无论哪一种类型的生态系统，其稳定性均与它的物种组成、营养结构乃至非生物因素密切相关。在一定的时间内保持其自身结构和功能的相对稳定，是生态系统得以保持稳定性的重要前提。

生态瓶将少量的植物、以这些植物为食的动物、适量以腐烂有机质为食的小动物和微生物以及其他非生物物质一起密封于一个小小的广口瓶中，构成了一个人工模拟微型生态系统（图 25-1）。由于瓶内系统结构简单，对环境变化敏感，系统稳定性极易受到干扰或破坏。因此，通过本实验设计并制作生态瓶，观察和记录生态瓶中各种生物的生存状况和存活时间长短，有助于学生理解生态系统及其稳定性的概念，以及影响生态系统稳定的各种因素，由此树立正确的生态文

图 25-1 生态瓶

明观与和谐发展理念。

25.3　生态瓶的设计要求

（1）生态瓶必须封闭且透明，既可以让其中的植物接受光照，又便于观察。

（2）生态瓶大小要适宜，水量最多只能装满 4/5 的空间。

（3）生态瓶中放置的生物必须具有较强的生活力，且不同物种之间的数量关系应保持均衡，以免破坏食物链结构。同时应注意生物个体的投放量不应过多过杂，俾使其与瓶内空间的容纳量相匹配。

（4）生态瓶由于生态系统简单，自身调节能力小，生态平衡极易受到破坏。因此要注意温度、光照等因素的影响。在春、夏、秋三季切勿受阳光直射，以免瓶中温度过高导致生物死亡。一般应放在散射光下，且不要随意移动其位置。

（5）生态瓶制作完毕后，应该贴上标签，写上制作者姓名与制作日期。

25.4　生态瓶的制作与观察

25.4.1　材料与用具

金鱼藻（或眼子菜、满江红、浮萍等）、小鱼（斑马鱼）、小虾、鱼虫（水丝蚓和水蚤）、淤泥、沙子、小石子、河水（井水或曝气后的自来水也可）、广口瓶、凡士林（或蜡）。

25.4.2　制作方法与步骤

（1）实验材料的准备

金鱼藻、小鱼（斑马鱼）、小虾、鱼虫要鲜活，生命力旺盛；淤泥要无污染（最好烈日下暴晒 4～8h），不能用一般的土来代替；沙子要洗净；河水应清洁无污染（若用自来水，需晾晒或曝气 3 天）。

（2）生态瓶的制作

① 在广口瓶中放入少量淤泥，使之平铺在瓶底，同时加入适量水。

② 将洗净的沙子放入广口瓶，摊平，厚度约为 1cm。

③ 将事先准备好的水沿瓶壁缓缓加入，加入量为广口瓶容积的 4/5 左右。加水时不要将淤泥冲出，以免水质变浑。

④ 加入适量绿色植物。若是有根茎的植物，可用长镊子将根须插入沙子中。

⑤ 加入适量鱼虫。若加入水蚤，因其易死亡，加入量要少。必须加入适量的水丝蚓。

⑥ 加入小鱼（斑马鱼）两条或小虾若干。注意不要选用金鱼，因其耐逆性较差。

⑦ 以凡士林（或蜡）密封瓶口。

⑧ 将制成的生态瓶置于阳光下。注意光线不能太强，以免瓶内温度太高，影响生物存活。每天定时观察并记录瓶内情况，观察时长 2～4 周。

25.4.3　实验观察

生态瓶中有小石子（或细沙），有约 4/5 的水及 1/5 的空气，有作为能量来源的太阳光，还有小鱼（斑马鱼）、小虾、藻类及鱼虫。藻类利用光能、水中的二氧化碳及其中的无机营养物进行光合作用以产生氧气，是生产者；小鱼（或小虾）以藻类及细菌为食物来源，通过呼吸作用消耗氧气，释放二氧化碳，并排出废物，故此它们是消费者；细菌则把小鱼（或小虾）之排泄物分解成无机营养物，供藻类使用，故属于分解者；小石或细沙为细菌和其他微生物等分解者提供栖息之所。总之，这一切因素共同发挥作用，一起维护着生态瓶这个微生态系统的相对平衡与稳定。若有瓶内因素的较大波动，或生态因素的配比不当，都将导致系统的失稳乃至崩溃。

25.4.4　注意事项

生态瓶制作、观察以及提交实验报告需要注意以下事项：

（1）生态瓶内各要素间的比例要合适，瓶中的生物个体数量（生产者和消费者）不宜太多。

（2）生态瓶装水不能过满（最多4/5），宜留有足够的氧气缓冲库。

（3）生态瓶一定要有标签（制作人、制作日期）；所拍照片（必含生态瓶全景照片）尽量清晰且示出瓶口的密封状况。

（4）在实验结束之前的观察过程中，若有动物（鱼、虾）死亡，应及时取出（其他生物可不用取出）。

（5）对于水生生态系统，若因密封不严导致水分挥发过快，可适当补充。但用作补充的水，应与实验开始时的水一致（水质、来源）。

（6）实验报告除详细列出实验步骤（一般情况下学生们的操作步骤会与讲义中有偏差）外，还应交代所用生物、水、土、淤泥的来源（取自哪条河流、哪个菜地或者网购），以及实验伊始瓶中所有生物物种的名称和数量；而且附上如表25-1的记录表格。

表 25-1　生态瓶观察记录表

日期	鱼（或虾）			水草			水丝蚓		水蚤		水质	其他
	数量	运动	体色	颜色	长度	状况	数量	状况	数量	状况		

25.4.5　讨论

本实验所建立的生态瓶微型生态系统，属于封闭式系统。一个生态系统能否在一定的时间内保持自身结构和功能的相对稳定，是衡量其稳定性的一个重要方面。生态系统的稳定性与它的物种组成、营养结构和非生物因素等都有着密切的关系。将少量的植物、以这些植物为食的动物及适量的以腐烂有机质为食的生物（微小动物和微生物）与某些其他非生物物质一起放入一个广口瓶中，密封后便形成了一个人工模拟的微型生态系统。由于生态瓶内系统结构简单，因此对环境变化敏感。系统内各种成分要素相对量的多寡，均会影响系统的稳定性。

参考文献

［1］ Eugene P Odum. Fundamentals of Ecology. Philadelphia：W. B. Saunders Company，1953.

［2］ Robert H Wheittaker. Communities and Ecosystems. New York：Macmillan Publishing Company，London：Collier Macmillan，1970.

［3］ Odum E P. 生态学基础. 孙儒泳，钱国桢，林浩然，等译. 北京：高等教育出版社，1981.

［4］ Whittaker R H. 群落与生态系统. 姚碧君，王瑞芳，金鸿志，译. 北京：科学出版社，1977.

实验二十六
生物炭对土壤微生物群落组成及多样性的影响

26.1 实验目的

（1）了解生物炭的特点、种类及其在农业、工业、能源、环境等领域中的应用；

（2）初步掌握生物炭影响土壤微生物（细菌和真菌）数量、群落组成及多样性的实验设计与分析方法；

（3）通过生物信息学分析，得到经生物炭施加的土壤之微生物数量、分布、群落组成、丰度、多样性等信息，并进行相应的相关和聚类分析，揭示它们之间的内在关系或影响机制。

26.2 实验原理

（1）生物炭的概念与特点

按照 Lehmann（2011）的定义，生物炭（Biochar，也称黑炭）通常是指生物有机材料（包括农作物秸秆、稻壳、花生壳、木材、木屑、发酵渣、酒糟、果核和禽畜粪便等）在缺氧或低氧和高温（300～700℃）条件下热解而形成的具有高比表面积、多孔隙度、强吸附性和稳定性的富碳材料（图 26-1）。

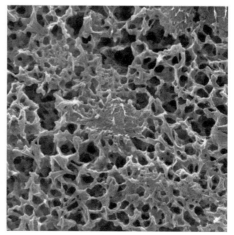

(a) 结构示意图   (b) 显微示意图

图 26-1　生物炭

不同条件下得到的生物炭，尽管其物理化学性质有所不同，但都具有以下共性：组成元素主要为碳、氢、氧、氮等，其中碳的质量分数最高，能达到 38%～76%（主要是烷基和芳香结构）；另外还有相当含量的 N、P、K、Ca 和 Mg 等。

生物炭一般呈碱性，其 pH 一般为 5～12，且制备生物炭的热解温度越高，其 pH 越高。生物炭中由矿质元素形成的碳酸盐是其碱性物质的主要存在形态，而生物炭表面含有丰富的—COO—（—COOH）和—O—（—OH）等含氧官能团，则是生物质炭中碱性物质的另一种存在形态。

尽管生物炭由于所采用的制备材料不同，在国内外相关研究报道中也具有不同的表述形式，如"生物质炭""黑炭""生物黑炭""生物质焦炭"等，但对于其组成与功能的认识却大体相同，归纳起来有以下几点。

一是生物炭富含稳定的碳元素，主要由芳香烃和单质碳或具有类石墨结构的碳构成，理化性质稳定，抗生物分解能力强。这是生物炭具有"碳封存"功能并可持续发挥改良土壤的作用之结构与物质基础。

二是生物炭具有丰富的微孔结构，比表面积大，吸附能力强，表面官能团丰富。施入土壤后，生物炭一方面可降低土壤容重，促进土壤微团聚体的形成，改善土壤结构和水、肥、气、热状况；另一方面可为土壤微生物提供庇护场所，促进微生物群落的繁衍生息；同时具有增加土壤阳离子交换量（Cation Exchange Capacity，CEC）、提高化肥利用率、削减养分淋溶损失、减轻水体污染的作用。

三是生物炭含有植物生长所必需的大量元素和微量元素，可为作物生长发育提供一些必要的营养补充，从而减少化学肥料的投入。

（2）生物炭在环境污染治理与生态修复方面的用途

大量的科学研究表明，生物炭作为一种多功能材料，其所具有的低成本、多孔性、大比表面积、丰富的官能团结构、环境高稳定性，使之在土壤改良、温室气体减排、环境污染控制等领域都有巨大的应用潜力，从而可在烟气净化、污水处理和土壤污染修复等方面发挥积极作用。

① 生物炭减少农田温室气体排放

生物质变成生物炭以后，就其本身而言，所存储的碳便被相对固定，以后若不重新焚烧，其增加碳排放的风险几乎为零。同时，生物炭被施用于土壤后所产生的诸如改善土壤结构、促进土壤微团聚体形成、增加土壤水/气/热融通以及对功能微生物数量和群落的潜在影响等，都将降低土壤矿化速率，提高有机质含量，促进土壤碳库的形成、固定和周转，进而减少或抑制农田土壤的 CO_2、N_2O 和 CH_4 等温室气体排放。

② 生物炭增加农业碳汇

生物炭乃是由农作物秸秆等农林废弃物热解制备而来，制备过程没有被直接焚烧或被微生物矿化，从而有效地减少了农田温室气体排放，增加了"农业碳汇"。此外，生物炭作为土壤腐殖质中具有高度芳香化结构的组成成分，是化学性质更稳定、可以在土壤中长期保持的、容量巨大的碳库，对稳定土壤有机碳库具有重要作用。采用秸秆或其他生物质炭化还田的"农田碳汇"形式，在提高土壤碳积累的同时，还有助于维持土壤 C/N 平衡和农田生态系统平衡，成为耕地可持续生产的重要物质基础。

③ 生物炭修复农田重金属污染

生物炭表面具有高孔隙率、较大的比表面积、大量的酚基/羧基/羟基等含氧官能团和石墨等结构，可吸附土壤或水中的 Cd、Pb、Cu 等，减少这些重金属离子的富集；对包括多环芳烃类和染料类污染物特别是农药在内的有机污染物也具有很强的吸附、解吸和迟滞作用，进而影响其迁移、转化，降低其生物有效性。当然，生物炭的这种能力，与土壤中重金属污染物的存在形式、制备生物炭的热解温度、生物炭的 pH、颗粒细度、有机碳与无机物组分的相对比例、土壤氧化还原电位等息息相关。例如，土壤 pH 的升高，可促使重金属离子形成碳酸盐或磷酸盐而产生沉淀，抑或增加土壤表面某些活性位点，降低重金属离子的活性，从而增加对重金属离子的吸附。另一方面，生物炭表面的官能团也有可能与具有很强亲和力的重金属离子结合形成金属配合物，从而降低重金属离子的富集程度。

④ 生物炭影响土壤理化性质，促进作物生长

生物炭表面的官能团及其多微孔结构对土壤养分离子平衡与调控具有重要的影响，能够有效提高土壤阳离子交换量，影响土壤的水分状况（供水总量和保水能力），减少矿质元素流失，提高其利用效率。特别是对铵离子有很强的吸附性，有利于降低氮素挥发，减少养分流失，提高土壤肥力。另外，生物炭自身含大量矿质灰分（K、Ca、Na、Mg 等），可直接为土壤提供营养元素，有利于农作物的生长。同时，生物炭表面具有的官能团，能改善土壤的结构、理化性质和生物学特性，增加土壤的孔隙性，改善土壤微生物生长的生态环境，提高作物产量和品质，提升土壤生产能力。

（3）生物炭与土壤微生物群落及多样性的关系

众所周知，土壤微生物（包括细菌、真菌、藻类及原生生物等）是土壤碳库中最为活跃也是最为重要的组成部分，它们对促进土壤形成、改善土壤理化性质、养分循环、结构及肥力演变、有机质矿化、腐殖质合成、吸附和转化有机污染物和重金属、增强土壤酶活性、促进植物生长等方面均起着重要作用，同时对环境的变化包括生物炭施用的响应也最为敏感。

生物炭施用于土壤后，通过直接或间接的作用影响微生物代谢，改变土壤中微生物的数量、分布、群落组成、丰度、多样性等，进而对植物生长等产生影响。

因此，从土壤微生物的这些变化情况来反映生物炭对土壤生态系统的作用，既是生物炭施用益处和潜在风险的最佳研究角度之一，也可为生物炭资源化利用新思路的开拓及农作物秸秆炭化还田的生态影响与有效性之评判提供理论依据。

26.3　材料与实验设计

（1）生物炭与性质测定

实验所用生物炭来自网购，原料为玉米秸秆，热解温度约 600℃。使用多参数水质分析仪（DZS-708-A，上海雷磁）测定生物炭 pH（1∶10，$m∶V$）；用 CHNSO 元素分析仪（Vario EL cube，德国 Elementar）测定生物炭的 C、H、N、S 含量，同时通过差减法计算 O 的质量分数；使用电感耦合等离子体质谱仪（Agilent 7900，美国）测定生物炭中重金属质量分数。

（2）供试土壤与性质测定

供试土壤采自实验室盆栽园林土（褐土）。根据《土壤农化分析》（鲍士旦，2002）中所述方法测定土壤含水率、pH、有机质、全氮、有效磷及速效钾等（测 3 次，取平均值）。

（3）实验设计及土样采集

将用于盆栽花卉的园林褐土混匀，并施加施基肥。7 天后再将生物炭施于其中。生物炭有 4 个施加浓度，即 0g/kg（对照）、20g/kg、40g/kg 和 80g/kg。取上述四种含不同生物炭浓度的土壤于花钵中（每个浓度 3 钵），将提前育好的花卉幼苗（菊花或一串红等）移植于其中。自移栽之日起 7 天、14 天、21 天、28 天分别采集花钵中的土样（五点取样法）。挑除土样中的植物残根等杂质后，将一部分土壤样品（约 30g）存于 −80℃ 冰箱中，供微生物分析用，另一部分则储存于 4℃ 冰箱中备用。

26.4　实验方法

（1）土壤样品细菌 16S rDNA 扩增

取土壤样品，利用 DNA 提取试剂盒提取样品中的总 DNA。进行基因组 DNA 抽提后，利用 $w=1\%$ 的琼脂糖凝胶电泳检测 DNA 的完整性、纯度和浓度。以宏基因组 DNA 为模板，根据测序区域细菌 V4 区域的选择，使用带条码（barcode）的特异引物（515F-806R）进行 PCR 扩增。扩增体系（50μL）的构成如下：2 × Premix Taq 25μL；Primer-F（10mmol/L）1μL；Primer-R（10mmol/L）1μL；DNA（20ng/mL）3μL；Naclease-free water 20μL。每个样本进行 3 个重复，并将同一样本的 PCR 产物进行混合。PCR 仪采用 BioRad S1000（Bio-Rad Laboratory，CA）。扩增结束后，用 $w=1\%$ 的琼脂糖凝胶电泳检测 PCR 产物的片段长度和浓度，利用 GeneTools Analysis Software（Version 4.03.05.0，SynGene）对 PCR 产物进行浓度对比后，按照等质量原则计算各样品所需体积，将 PCR 产物进行混合。使用 EZNA Gel Extraction Kit（Omega，USA）凝胶回收试剂盒回收 PCR 混合产物，利用 TE 缓冲液洗脱以回收目标 DNA 片段。

（2）建库及测序

按照 NEBNext® Ultra™ DNA Library Prep Kit for Illumina®（New England Biolabs，USA）标准流程进行建库操作，使用 Illumina Hiseq 2500 平台对构建的扩增子文库进行 PE 250 测序。

（3）数据分析

运用 R 软件包进行 OTU（Operational Taxonomic Unit，运算的分类单位）各个分类等级相对丰度的统计及物种相对丰度热图的绘制；运用 USEARCH 软件进行样本间和物种的聚类分析；利用 KRONA 软件对单个样本的物种注释结果进行可视化；运用 GraPhlAn 软件得到基于 GraPhlAn 的单个样本的 OTU 注释圈图；运用 Qiimme 软件包中的 Alpha_diversity.py 脚本进行 α 多样性指数分析；运用 R 软件的 vegan 进行主坐标分析（Principal Coordinates Analysis，PCoA）分析并绘图；运用 PICRUSt 软件对微生物群落结构功能进行预测分析；运用 Origin Pro 软件包的 Polar Heatmap with Dendrogram 插件进行热图绘制；运用 SPSS 27.0 进行统计分析。

26.5　结果与讨论

（1）土壤微生物的 OTUs 及 α 多样性指数

将计算得到的盆栽花卉土壤及非根际土壤微生物 OTUs 数量及 α 多样性指数，录入到如表 26-1 的实验表格。其中，α 多样性是对单个样品中物种多样性的分析，它包含物种组成的丰富度和均匀度两方面的信息。实验中采用 Chao1 指数和 Shannon 指数进行分析，其中 Chao1 指数可反映样品中群落的丰富度，即群落中物种的数量；而 Shannon 指数可估算样本中微生物多样性，其值越大表示群落多样性越高。

表 26-1 不同生物炭浓度不同天数下土壤微生物 OTUs 及 α 多样性指数

浓度	OUTs				Chao1				Shannon			
	7 天	14 天	21 天	28 天	7 天	14 天	21 天	28 天	7 天	14 天	21 天	28 天
0g/kg												
20g/kg												
40g/kg												
80g/kg												

（2）土壤微生物在门水平的物种相对丰度分布

计算土壤微生物在门水平的物种相对丰度之分布，得到如图 26-2 的图形，并对结果加以分析。

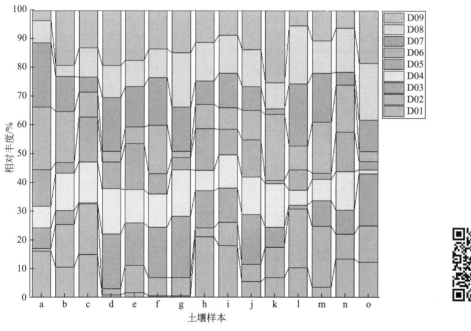

彩图

图 26-2 门水平上根际土壤及非根际土壤微生物相对丰度分布

（3）土壤微生物在科水平的物种相对丰度分布

计算土壤微生物在科水平的物种相对丰度之分布，得到如图 26-3 的图形，并对结果加以讨论。

（4）土壤微生物的主坐标分析

根据样本的 OTU 丰度信息，计算 Weighted Unifrac 和 Unweighted Unifrac 距离并构建矩阵，据此进行多变量统计学方法上的主坐标分析（PCoA），得到如图 26-4 的图形，并评估施加生物炭对土壤微生物群落结构的影响。

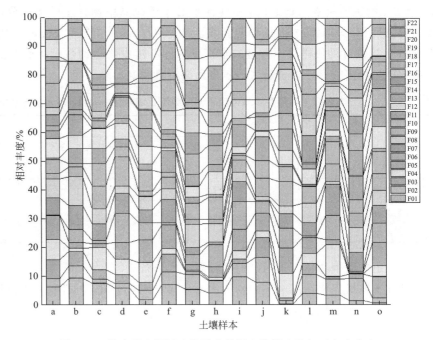

图 26-3　科水平上根际土壤及非根际土壤微生物相对丰度分布

彩图

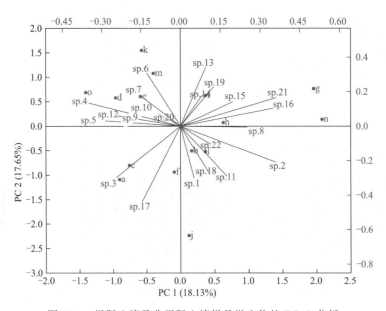

图 26-4　根际土壤及非根际土壤样品微生物的 PCoA 分析

（5）PICRUSt 基因预测聚类热图

PICRUSt 是基于 KEGG 宏基因组预测微生物群落功能的工具。通过将微生物群落的相对丰度与数据库进行比对，在无法直接观测的情况下推测微生物群落结构的功能信息。实验利用 PICRUSt 程序对基于 KEGG pathyway（LV3）的基因功能进行预测，并制作如图 26-5 的基因预测聚类热图（也可利用 R 软件绘制热图的相关包进行），借此分析施加生物炭后微生物群落基因功能产生的差异。

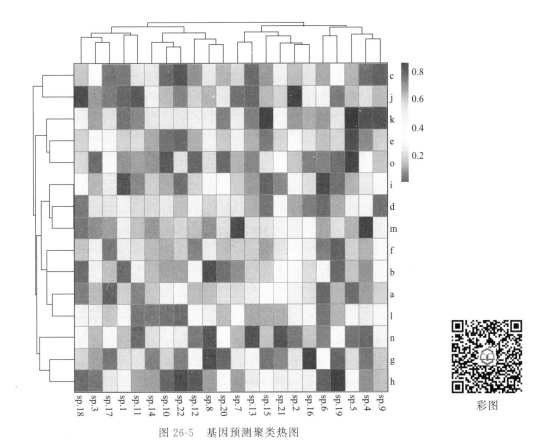

图 26-5　基因预测聚类热图

彩图

26.6　思考题

（1）施用生物炭后，对根际土壤及非根际土壤的微生物 OTUs 数量及 α 多样性指数有什么样的影响？

（2）从实验数据上看，生物炭施加到土壤后，在门和科水平上对非根际和根际土壤微生物群落的相对丰度及多样性各产生什么样的影响？

（3）施加生物炭，对根际及非根际土壤微生物群落的基因功能产生了什么样的影响，进而影响到微生物在土壤环境中的生态效应？

参考文献

［1］　Amit K Jaiswal，Yigal Elad，Indira Paudel，et al. Linking the Belowground Microbial Composition，Diversity and Activity to Soilborne Disease Suppression and Growth Promotion of Tomato Amended with Biochar. Scientific Reports，2017，7：44382.

［2］　Anderson C R，Hamonts K E，Clough T J，et al. Biochar Does not Affect Soil N-Transformations or Microbial Community Structure Under Ruminant Urine Patches but Does Alter Relative Proportions of Nitrogen Cycling Bacteria. Agriculture，Ecosystems Environment，2014，191（1）：63-72.

［3］　Awad Y M，Blagodatskaya E，Ok Y S，et al. Effects of Polyacrylamide，Biopolymer，and Biochar on Decomposition of Soil Organic Matter and Plant Residues as Determined by 14C and Enzyme Activitie. European Journal of Soil Biology, 2012, 48: 1-10.

[4] Cahyo Prayogo, Julie E Jones, Jan Baeyens, et al. Impact of Biochar on Mineralisation of C and N From Soil and Willow Litter and its Relationship with Microbial Community Biomass and Structure. Biology and Fertility of Soils, 2013, 50 (4): 695-702.

[5] Chen J, Bin Zhang, Genxing Pan, et al. Biochar Soil Amendment Increased Bacterial but Decreased Fungal Gene Abundance with Shifts in Community Structure in a Slightly Acid Rice Paddyfrom Southwest China. Applied Soil Ecology, 2013, 71 (1): 33-44.

[6] Chris Bamminger, Natalie Zaiser, Prisca Zinsser, et al. Effects of Biochar, Earthworms, and Litter Addition on Soil Microbial Activity and Abundance in a Temperate Agricultural Soil. Biology and Fertility of Soils, 2014, 50 (8): 1189-1200.

[7] Craig R Anderson, Leo M Condron, Tim J Clough, et al. Biochar Induced Soil Microbial Community Change: Implications for Biogeochemical Cycling of Carbon, Nitrogen and Phosphorus. Pedobiologia, 2011, 54 (5): 309-320.

[8] Daquan Sun, Jun Meng, Wenfu Chen. Effects of Abiotic Components Induced by Biocharon Microbial Communities. Acta Agriculturae Scandinavica, Section B-Soil Plant Science, 2013, 63 (7): 633-641.

[9] Huiying Zhang, Wei Qian, Liang Wu, et al. Spectral Characteristics of Dissolved Organic Carbon (DOC) Derived from Biomass Pyrolysis: Biochar-derived DOC Versus Smoke-derived DOC, and Their Differences from Natural DOC. Chemosphere, 2022, 302 (9): 134869.

[10] Lehmann J, Gaunt J, Rondon M, et al. Bio-Char Sequestration in Terrestrial Ecosystems—a Review. Mitigation and Adaptation Strategies for Global Change, 2006, 11 (2): 395-419.

[11] Lehmann J, Rillig M, Crowley D. Biochar Effects on Soil Biota-A Review. Biology Soil Biology Biochemistry, 2011, 43 (9): 1812-1836.

[12] Richard S Quilliam, Helen C Glanville, Stephen C Wade, et al. Life in the 'Charosphere' —Does Biochar in Agricultural Soil Provide a Significant Habitat for Microorganisms? Soil Biology and Biochemistry, 2013, 65: 287-293.

[13] Rousk J, Dempster D N, Jones D L. Transient Biochar Effects on Decomposer Microbial Growth Rates: Evidence from Two Agricultural Case-Studies. European Journal of Soil Science, 2013, 64 (6): 770-776.

[14] Nielsen S, Minchin T, Kimber S, et al. Comparative Analysis of the Microbial Communities in Agricultural Soil Amended with Enhanced Biochars or Traditional Fertilisers. Agriculture, Ecosystems and Environment, 2014, 191: 73-82.

[15] Towski M, Charmas B, Skubiszewaka-Zieba J, et al. Effect of Biochar Activation by Different Methods on Toxicity of Soil Contaminated by Industrial Activity. Ecotoxicology and Environmental Safety, 2017, 136: 119-125.

[16] Zheng Ning Guo, Yongxiang Yu, Wei Shi, et al. Biochar Suppresses N_2O Emissions and Alters Microbial Communities in an Acidic Tea Soil. Environmental Science and Pollution Research, 2019, 26 (35): 35978-35987.

[17] 鲍士旦. 土壤农化分析. 第3版. 北京: 中国农业出版社, 2002.

[18] 陈温福, 张伟明, 孟军. 生物炭与农业环境研究回顾与展望. 农业环境科学学报, 2014, 33 (5): 821-828.

[19] 陈泽斌, 高熹, 王定斌, 等. 生物炭不同施用量对烟草根际土壤微生物多样性的影响. 华北农学报, 2018, 33 (1): 224-232.

[20] 程扬, 刘子丹, 沈启斌, 等. 秸秆生物炭施用对玉米根际和非根际土壤微生物群落结构的影响. 生态环境学报, 2018, 27 (10): 1870-1877.

［21］丁艳丽，刘杰，王莹莹.生物炭对农田土壤微生物生态的影响研究进展.应用生态学报，2013，24（11）：3311-3317.

［22］勾芒芒，屈忠义，王凡，等.生物炭施用对农业生产与环境效应影响研究进展分析.农业机械学报，2018，49（7）：1-12.

［23］顾美英，刘洪亮，李志强，等.新疆连作棉田施用生物炭对土壤养分及微生物群落多样性的影响.中国农业科学，2014，47（20）：4128-4138.

［24］黄家庆，叶菁，李艳春，等.生物炭对猪粪堆肥过程中细菌群落结构的影响.微生物学通报，2020，47（5）：1477-1491.

［25］孔丝纺，姚兴成，张江勇，等.生物质炭的特性及其应用的研究进展.生态环境学报，2015，24（4）：716-723.

［26］李明，李忠佩，刘明，等.不同秸秆生物炭对红壤性水稻土养分及微生物群落结构的影响.中国农业科学，2015，48（7）：1361-1369.

［27］刘杰，韩士群，齐建华，等.生物碳含量对底泥活化原位脱氮及微生物活性的影响.江苏农业学报，2016，32（1）：106-110.

［28］刘涛，应建平，张涛，等.生物炭对桃园土壤微生物功能多样性的影响.浙江农业科学，2020，61（4）：654-659.

［29］冉宗信.生物炭基肥料的制备方法及其在农业中的应用研究进展.安徽农学通报，2019，25（9）：116-118.

［30］孙大荃，孟军，张伟明，等.生物炭对棕壤大豆根际微生物的影响.沈阳农业大学学报，2011，42（5）：521-526.

［31］王强，耿增超，许晨阳，等.施用生物炭对塿土土壤微生物代谢养分限制和碳利用效率的影响.环境科学，2020，41（5）：2425-2433.

［32］谢祖彬，刘琦，许燕萍，等.生物炭研究进展及其研究方向.土壤，2011，43（6）：857-861.

［33］姚玲丹，程广焕，王丽晓，等.施用生物炭对土壤微生物的影响.环境化学，2015，34（4）：697-704.

［34］周雅心，王晓彤，王广磊，等.炉渣与生物炭施加对稻田土壤细菌多样性及群落组成的影响.中国环境科学，2020，40（3）：1213-1223.

［35］周震峰，王建超，饶潇潇.添加生物炭对土壤酶活性的影响.江西农业学报，2015，27（6）：110-112.

实验二十七
微塑料对蚯蚓生长和繁殖的影响

27.1　实验目的

（1）了解微塑料的来源、分布及其对环境的危害；

（2）观察蚯蚓对微塑料的摄入行为；

（3）初步掌握微塑料对蚯蚓生存、生长、繁殖（以体重变化、死亡数量和产卵量为指标）的影响；

（4）建立蚯蚓微塑料"剂量-培养时间-死亡率"（Time-Dose-Mortality，TDM）联合关系模型。

27.2　实验原理

塑料具有轻便、耐久等特性，已成为广泛使用的生产和生活资料。全球塑料生产量从20世纪50年代的170万吨增加到2016年的3.35亿吨，而且未来全球的塑料生产量还将进一步增大。由于耐久性好，进入环境的塑料废弃物会逐渐碎裂成小于5mm的塑料碎片和颗粒，也就是微塑料（Microplastics）（图27-1）。

常见微塑料的化学成分有聚乙烯（PE）、聚酯（PET）、聚氯乙烯（PVC）、聚苯乙烯（PS）、聚丙烯（PP）和聚对苯二甲酸丁二酯（PBT）等，从形状上区分，又有碎片状、泡沫状、颗粒状、纤维状和薄膜状等。由于具有体积小、难降解和吸附性强等特点，微塑料现

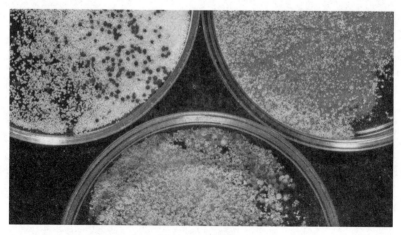

图 27-1　微塑料

已成为全球性的环境问题，对各类生态环境和动植物以及人体造成危害。

（1）微塑料的来源和环境分布

环境中的微塑料可分为初生微塑料和次生微塑料两类。初生微塑料指直接进入环境的微塑料颗粒、微珠、纤维和其他存在形式的微塑料，其来源多为工业原料的废弃、含有微塑料的工业产品（如药物、化妆品）的丢弃等，此类微塑料往往通过工业废水和生活污水的排放进入水体中，并在水中迁移、富集。次生微塑料则是环境中业已存在的较大塑料颗粒在物理、化学和生物分解作用下产生的微小塑料碎片，如农业生产使用后遗留的地膜形成的次生微塑料、洗衣机洗涤衣服后产生的洗涤废水中的纤维等。

① 水环境中微塑料的来源与分布

微塑料进入水体的途径主要有陆源输入和水上直接输入两种。陆源输入是水环境中微塑料的主要来源。据估计，从陆地输入的塑料碎片约占海洋污染物总量的80％。人口聚集的区域产生的污水、工业聚集区域排放的废水和垃圾填埋场的渗滤液，均含有相当数量的塑料。此外，塑料日用品（如塑料袋等）的使用和随意丢弃、工业原料的运输和处理等也会导致一定量的塑料垃圾流入水中。陆地上产生的塑料垃圾通过地表径流进入海洋，在河口、海湾等近海区域漂流、悬浮和堆积并最终在水流剪切、海水侵蚀和微生物降解等作用下碎裂、分解形成次生微塑料。

水环境中的微塑料也可经由一些特定的水上作业，如水上油气开采、船舶运输、渔业和废物倾倒等途径而从水上直接输入。渔民使用塑料材质的渔网、绳索等工具废弃后被直接抛弃在海洋中，成为海洋塑料垃圾；海上旅游业也会产生大量的旅游垃圾；海洋运输业和海上矿产开采行为中的船舶和机械的破损等也会向水环境释放塑料垃圾。这些垃圾在自然风化、海水侵蚀和生物降解等的作用下发生分解，产生次生微塑料。

微塑料自身的化学组成、物理性质（密度、形状等）和其所处水体的各种性质（温度、密度、酸碱度）共同决定微塑料在水中以漂浮、悬浮或是沉积的形式存在。以漂浮和悬浮形式存在的微塑料，容易随水流运动而转移、扩散到淡水环境、近海乃至深海区域。

② 土壤环境中微塑料的来源与分布

土壤是接纳人类生产、生活活动所产生的数量巨大、种类繁多的塑料和微塑料的场所之一。农用地膜等农业生产资料在使用后被直接废弃，在风化、光照和生物降解过程中分解成塑料碎片，导致土壤环境中微塑料的积累；地表径流及其沉积作用也将导致微塑料在田地中积累；污水灌溉、污泥施肥和农业堆肥也会致使微塑料被分解、释放和渗入土壤，是农田土壤中微塑料的主要来源之一；污水和污泥是废水处理后的产物，其中也携带着大量以纤维状为主，来自于个人护理产品、工业生产、纺织品和加工行业的微塑料；大气运动和沉降也能将来源于建筑材料、人造草皮和家庭灰尘等途径产生的微塑料转移至土壤环境（图27-2）。

不同于水体环境，土壤中的微塑料往往呈现出与土壤团粒紧密结合的状态，尽管在其中也可以发生光解、生物降解作用以及进行着垂直和水平方向上的迁移行为（土壤裂隙和淋溶作用；附着于线虫和蚯蚓等土壤生物体表而迁移；或被它们摄入、排泄而迁移），但一旦存在于地表土壤环境，土壤微塑料就将长期存在于其中，从而增加了其治理的难度与复杂性、长期性（图27-3）。

（2）微塑料的生态学风险

① 微塑料的物理毒害作用

微塑料本身形态各异，可能对微型和小型生物造成机械损伤，例如膜状和纤维状的微塑

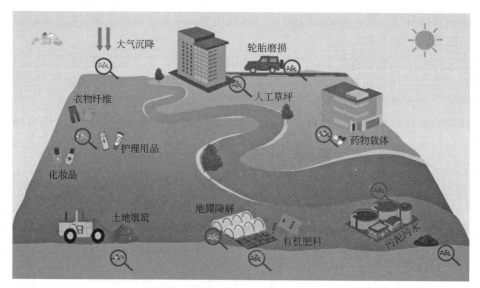

图 27-2　土壤中微塑料的主要来源（Shuling，2022）

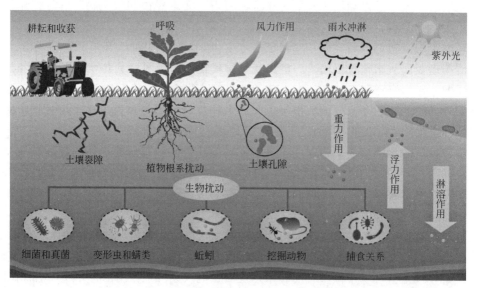

图 27-3　土壤环境中微塑料的迁移（Shuling，2022）

料有可能包裹、缠绕住生物肢体，导致其运动受阻甚至无法行动，最终受伤或死亡。微塑料也可能被动物误食，产生饱腹感，甚至堵塞动物的进食器官，使其不能正常摄取食物，影响动物生长发育。例如，7.5μm 大小的聚苯乙烯微珠可显著降低桡足类对藻类的摄取率；锋利的微塑料碎片甚至会刮伤动物的消化道、呼吸器官等；另有一些微塑料如聚苯乙烯可以在静电作用下吸附在生产者（浮游生物、藻类、硝化细菌）表面，遮挡光照和阻碍空气流动，影响其光合作用和呼吸作用，阻碍生物体正常的生命活动。

② 微塑料的化学毒害作用

生产塑料制品过程中常常会使用各种添加剂，后者具有很强的生物毒性。例如，多溴联苯醚阻燃剂等属于内分泌干扰物，其在微塑料进入环境后被释放出来，一旦进入生物体就能影响生物体的内分泌功能，进而影响其正常的生殖和发育等；微塑料本身在环境中经光照、风化等过程会分解释放出单体，而塑料单体有的具有生物毒性，典型的如聚碳酸酯的单体双酚 A，属于双酚类化合物，进入生物体后会干扰生物体的内分泌系统，甚至影响动物神经细胞的发育和破坏动物运动能力。

③ 其他污染物的载体

微塑料具有较大的比表面积，容易吸附环境中的药品、重金属和有机物等，使微塑料成为附着各种污染物的载体，因而会提高其他污染物与生物的接触频率和利用度；同时由于微塑料自身化学性质稳定，自然条件下极难降解，密度较低，且通常表现出疏水性，很容易通过水流移动，成为污染物远距离转移的途径之一，使污染物的环境分布更加复杂。同时，微塑料具有搭载细菌和病毒等微生物的能力，可为微生物提供相对稳定的栖息地，增加其对环境的抗逆性，可能导致复合污染和物种入侵等环境问题。

④ 对土壤环境的影响

微塑料进入土壤环境后，除了对土壤生物的生存及多样性造成威胁外，也对土壤容重、结构稳定性、土壤持水能力、腐殖酸结构、酶活性、土壤孔隙度等物理化学性质产生影响。此外，由于微塑料对微生物等陆地生态系统中的主要共生组合产生了潜在的影响，因而也导致生物地球化学循环受到影响。

总之，如前所述，尽管微塑料广泛存在于各种水体和土壤环境，但整体而言，关于土壤环境中的微塑料的研究却相对较少。这一方面是因为土壤是一个复杂的固、液和气三相复杂体系，导致其中的微塑料的分离、识别较水体要困难得多。另一方面，土壤很强的缓冲性能也导致其中的微塑料污染呈现出较强的隐蔽性和滞后性。

土壤是人类所赖以生产、生活的重要场所，土壤健康与安全是维系整个生态系统健康的重要保障与组成部分之一。而作为重要评价指标之一的土壤生物及其在包括微塑料在内的污染物影响下的行为表现，理应引起人们的广泛关注。

蚯蚓是指示土壤污染的重要模式生物，土壤中的微塑料及其环境行为是否也会对蚯蚓的生长发育造成危害？正是基于以上考虑，本实验将通过微塑料与蚯蚓的土壤培养实验，初步探明不同浓度微塑料对蚯蚓生长发育的影响，同时探究蚯蚓对土壤中微塑料分布的作用，以期为深入了解微塑料在土壤中的环境行为提供参考。

27.3　实验内容

添加不同含量的聚酯纤维微塑料与蚯蚓进行培养，分别设置短期（15天）、中期（28天）和长期（96天）三组不同的培养周期，来进行实验。

（1）通过短期（15天）、中期（28天）和长期（96天）的培养实验，观察和统计蚯蚓在不同聚酯纤维微塑料含量环境下的体重变化、死亡数量、产卵量和蚓粪中微塑料的数量，探究不同浓度的聚酯纤维微塑料对于蚯蚓生存、生长和繁殖产生的影响；

（2）建立蚯蚓微塑料"剂量-培养时间-死亡率"（Time-Dose-Mortality，TDM）联合关系模型。

27.4　实验材料与实验生物

（1）蚯蚓

赤子爱胜蚓（*Eisenia foetida*）作为土壤污染的敏感指示生物和土壤生态毒理研究的模

式生物，其生长和生存状况对于土壤的健康状况和质量可以起到评价和警示作用。本实验选用质量 250～600mg、有明显环带、性成熟的赤子爱胜蚓作为实验生物。接种前先用蒸馏水清洗掉蚯蚓表面杂质，擦干后将蚯蚓放在温度为 15～20℃、湿度为 60%～70% 环境中饥饿处理 12h，排空肠道。

（2）微塑料

由于聚酯纤维是当前使用量最大的塑料纤维制品，因此本实验选用网购的超细聚酯纤维作为实验材料。聚酯纤维被处理成平均长度 2.5mm 的微塑料。

（3）土壤

为避免表层土壤受微塑料和其他污染物的污染，本实验所用土壤样品采自郊区、剖面深度为 100～150cm 的土壤。土壤样品经风干、过 2mm 筛后，密封保存。土壤基本理化性质为 pH 8.02；有机质含量 3.07g/kg；全氮含量 0.23g/kg；全磷含量 0.45g/kg；黏粒含量 35.47%。本实验中的土壤主要用于 96 天长期培养实验。

（4）有机物

杨树（*Populus nigra*）种植范围广，枯枝落叶易分解，蚯蚓常以其为食。本实验以杨树的枯枝落叶作为蚯蚓的主要食物来源。收集与上述土样同一采集地的杨树枯枝落叶，在烘箱 105℃ 下经 10～30min 烘烤、杀青、杀菌后，继续在 80℃ 下烘至恒重。部分用粉碎机粉碎（<2mm），用于 15 天短期和 28 天中期培养实验；另一部分用木棍敲打和手工撕扯后，形成较小块状，用于 96 天长期培养实验。

27.5 实验方法

（1）实验概况

为比较不同培养时间下聚酯纤维微塑料对蚯蚓生长产生的影响，进行三组培养实验。

第一组培养（15 天聚酯纤维微塑料-蚯蚓短期培养实验）：在实验室人工气候箱中（25℃），将聚酯纤维微塑料与枯枝落叶粉碎物按不同比例混匀，作为饲养基质，在容积 300mL 的食盒中对蚯蚓进行 15 天的短期培养。

第二组培养（28 天聚酯纤维微塑料-蚯蚓中期培养实验）：在实验室人工气候箱中（25℃），将聚酯纤维微塑料与枯枝落叶粉碎物按不同比例混匀，作为饲养基质，在容积 500mL 的食盒中对蚯蚓进行 28 天的中期培养。

第三组培养（96 天聚酯纤维微塑料-蚯蚓长期培养实验）：在室温下（15～23℃），将聚酯纤维微塑料与小块状枯枝落叶按不同比例混匀，放置在作为培养基质的土壤的表面，作为模拟的枯枝落叶层以及蚯蚓的主要有机食物来源，在容积 2000mL 的有机玻璃框中对蚯蚓进行 96 天的长期培养。

短期、中期和长期培养结束后，对蚯蚓生长状况（体重变化、死亡数量、产卵量和蚓粪中微塑料的数量）进行观察或计测，建立蚯蚓微塑料"剂量-培养时间-死亡率"（Time-Dose-Mortality，TDM）联合关系模型。

（2）实验设计

① 聚酯纤维微塑料-蚯蚓短期培养实验（15 天）

不同比例的聚酯纤维微塑料与枯枝落叶粉碎物混合均匀作为饲养基质，上口直径 10cm、下口直径 8cm、高 5cm 的食盒作为培养容器。在保证每个处理投食量相同条件下，根据聚酯纤维微塑料的不同比例的添加量设置 4 个处理：对照组（只有枯枝落叶）、处理 1（1％聚酯纤维微塑料含量）、处理 2（3％聚酯纤维微塑料含量）、处理 3（5％聚酯纤维微塑料含量）（表 27-1），每个处理 3 个重复，共 12 个，随机排列摆放在 25℃人工气候箱内。每个食盒中接种 5 只蚯蚓，根据蚯蚓每天的摄食量，在食盒中一次性投食三天的食物量，后每三天添加新的混合物，保证食源充足。每天通过称量质量变化，添加纯水，保证湿度，控制混合物含水量保持在 40％左右。每天随机更换食盒在人工气候箱内摆放位置，以保证每个塑料食盒条件均匀，共培养 15 天。

表 27-1　聚酯纤维微塑料-蚯蚓短期培养实验（15 天）混合物配比

实验处理	聚酯纤维微塑料浓度/％	枯枝落叶粉碎物/g	聚酯纤维微塑料/g
对照	0	2.00	0.00
处理 1	1	1.98	0.02
处理 2	3	1.94	0.06
处理 3	5	1.90	0.10

② 聚酯纤维微塑料-蚯蚓中期培养实验（28 天）

不同比例的聚酯纤维微塑料与枯枝落叶粉碎物混合均匀作为饲养基质，长 16cm、宽 10cm、高 4cm 的食盒作为培养容器。在保证每个处理投食量相同条件下，根据聚酯纤维微塑料的不同比例的添加量设置 7 个处理：对照组（只有枯枝落叶）、处理 1（0.5％聚酯纤维微塑料含量）、处理 2（1％聚酯纤维微塑料含量）、处理 3（1.5％聚酯纤维微塑料含量）、处理 4（2％聚酯纤维微塑料含量）、处理 5（3％聚酯纤维微塑料含量）、处理 6（5％聚酯纤维微塑料含量）（表 27-2），每个处理 3 个重复，共 21 个，随机排列摆放在 25℃人工气候箱内。每个食盒中接种 10 只蚯蚓，根据蚯蚓每天的摄食量，在食盒中一次性投食三天的食物量，后每三天添加新的混合物，保证食源充足。每天通过称量质量变化，添加纯水，保证湿度，控制混合物含水量保持在 40％左右。每天随机更换食盒在人工气候箱内摆放位置，以保证每个塑料食盒条件均匀，共培养 28 天。

表 27-2　聚酯纤维微塑料-蚯蚓短期培养实验（28 天）混合物配比

实验处理	聚酯纤维微塑料浓度/％	枯枝落叶粉碎物/g	聚酯纤维微塑料/g
对照	0	3.600	0.000
处理 1	0.5	3.582	0.018
处理 2	1.0	3.564	0.036
处理 3	1.5	3.546	0.054
处理 4	2.0	3.528	0.072
处理 5	3.0	3.492	0.108
处理 6	5.0	3.420	0.180

③ 聚酯纤维微塑料-蚯蚓长期培养实验（96 天）

添加不同比例的聚酯纤维微塑料与小块状枯枝落叶混合均匀放置在土壤表面，作为模拟的枯枝落叶层和蚯蚓的主要有机食物来源，以土壤作为培养基质，长 20cm、高 25cm、宽 8cm 的有机玻璃框作为培养容器。每个有机玻璃框中装土（烘干土）1050g，土壤容重

$0.7g/cm^3$，土壤含水量为 $35\%\sim40\%$，表面均匀平坦地覆盖聚酯纤维微塑料与有机物料混合均匀的混合物 10g，混合物根据微塑料的含量设置 5 个处理：对照组（只有枯枝落叶）、处理 1（0.5%聚酯纤维微塑料含量）、处理 2（1%聚酯纤维微塑料含量）、处理 3（3%聚酯纤维微塑料含量）、处理 4（5%聚酯纤维微塑料含量）（表 27-3），每个处理 3 个重复，共 15 个。每个有机玻璃框中接种 20 只蚯蚓，在室温 18~25℃条件下放在不透光的纸箱中培养，防止蚯蚓逃逸，在有机玻璃框顶端用大小合适的橡皮筋固定通气网纱。每周通过称量质量变化添加纯水，保证湿度，控制培养框中含水量保持在 $35\%\sim40\%$，共培养 96 天。

表 27-3　聚酯纤维微塑料-蚯蚓短期培养实验（96 天）混合物配比

实验处理	聚酯纤维微塑料浓度/%	枯枝落叶粉碎物/g	聚酯纤维微塑料/g
对照	0	10.00	0.00
处理 1	0.5	9.95	0.05
处理 2	1	9.90	0.10
处理 3	3	9.70	0.30
处理 4	5	9.50	0.50

（3）样品采集

① 蚯蚓样品采集

短期和中期培养实验结束后，用镊子将蚯蚓从培养容器中取出，一部分用纯水洗净、擦干，进行相关指标测定；另一部分，用纯水洗净、擦干，称重后进行解剖。

长期培养结束，将表层剩余混合物收集后，将土壤分为三层（表层：0~3cm；中层：3~13cm；底层：13~23cm），依据不同的土层分别将蚯蚓用镊子取出，用纯水洗净、擦干，进行相关指标测定。

② 蚯蚓卵茧采集

短期和中期培养期间，每天定时观察蚯蚓卵茧产生情况，发现卵茧后，用镊子将其挑出。

③ 土壤采集

长期培养结束，将土壤分为三层（表层：0~3cm；中层：3~13cm；底层：13~23cm）。表层剩余混合物收集后，依据不同的土壤土层，轻轻敲击有机玻璃框表面，慢慢将不同土层的土壤倾倒在洁净的磁盘中，分别全部回收土壤，在通风阴凉处晾干用于测定土壤性质。

（4）测定指标

① 体重增长率（K_{gr}）

培养前，经饥饿处理后的蚯蚓用蒸馏水洗净擦干后，称量得其体重 M_{org1}；培养结束后用镊子将蚯蚓从混合物中挑出，不同处理分开放置在不同编号且湿润的培养皿中进行饥饿处理后，用蒸馏水洗净擦干后，称量得蚯蚓体重 M_{org2}。

$$K_{gr} = \frac{(M_{org2} - M_{org1})/M_{org1}}{t} \qquad (27\text{-}1)$$

式中，M_{org1} 为最初体重，g；M_{org2} 为最后体重，g；t 为暴露在微塑料环境中的时间，天。

② 蚯蚓死亡率（θ）

短期和中期培养中，蚯蚓死亡后易发生溶解，用镊子刺激蚯蚓的头、肢干和尾，没有反应判断为死亡，根据蚯蚓最终的存活数量计算培养期间的死亡率。

长期培养，根据最初接种的蚯蚓数量与最终收集的蚯蚓数量之差计算蚯蚓的死亡率。

$$\theta = \frac{n_1 - n_2}{n_1} \times 100\% \tag{27-2}$$

式中，n_1 为用于实验的蚯蚓数量，条；n_2 为存活的蚯蚓数量，条。

③ 蚯蚓卵茧数量

短期和中期培养中，依据每天卵茧的收集量，统计蚯蚓的卵茧总量。

④ 蚓粪中微塑料的数量

短期和中期培养结束后，挑选出一部分肉眼可清晰辨认的蚓粪，在显微镜下观察；另一部分放在阴凉无污染的地方风干。风干后，挑选出可肉眼清晰辨认、形状完整的蚓粪，放在载玻片上，用胶头滴管吸取纯水，滴在蚓粪表面润湿，促进风干的蚓粪分散，后滴加适量30%过氧化氢（H_2O_2），对蚓粪中的有机质进行氧化分解，反应充分进行后，滴加清水，在显微镜下观察和统计蚓粪中微塑料的数量。

⑤ 蚯蚓体内微塑料

培养结束，一部分蚯蚓用纯水洗净、擦干，称重，解剖后在显微镜下对蚯蚓食道内被摄食的微塑料情况进行观察，记录拍照。具体操作方法为：用镊子取出蚯蚓后，用纯水洗净，用纸吸干表面的水，称重。将称重后的蚯蚓放入50%的乙醇溶液中，待蚯蚓没有活动迹象后用镊子将蚯蚓取出，用纸擦干蚯蚓表面的乙醇溶液。将蚯蚓固定在蜡盘上，用解剖刀在排泄口上方划一小口后，由下往上用解剖剪或者解剖刀将表皮划开，用大头针倾斜45°固定表皮，在显微镜下观察体腔，再用解剖刀将体腔划破，观察食道内摄食的微塑料，进行记录拍照。

（5）测定指标数据分析

用平均值±标准差表示数据，显著水平均值 $p < 0.05$。采用 SPSS 27.0 进行 t 检验、方差分析和 $LSD_{0.05}$ 多重比较。

27.6 实验结果与讨论

（1）分别统计15天、28天和96天聚酯纤维微塑料-蚯蚓培养实验情形下，聚酯纤维微塑料对蚯蚓体重、死亡、繁殖的影响以及蚯蚓对聚酯纤维微塑料的摄入情况，得到如表27-4、表27-5、图27-4、图27-5的表格和/或图形，并对实验现象进行合理的生理或生态学解释。显著性差异分析之后，需要标注差异结果。通常有两种方式，即用星号（＊）或者字母（a、b、c或d）标注。凡有一个相同标记字母的即为差异不显著，凡具不同标记字母的即为差异显著。

表27-4 聚酯纤维微塑料-短期培养（15天）蚯蚓体重变化（平均值±标准差）

聚酯纤维微塑料含量/%	培养前/(g/只)	培养后/(g/只)	体重增长率/(mg/g)	p

表 27-5　聚酯纤维微塑料-短期培养（15 天）蚯蚓的死亡率

聚酯纤维微塑料含量/%	培养总数/只	死亡总数/只	死亡率/%

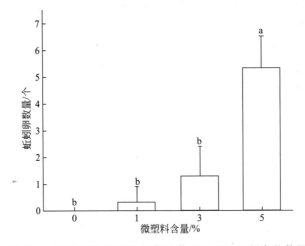

图 27-4　聚酯纤维微塑料-短期培养（15 天）蚯蚓卵茧数量

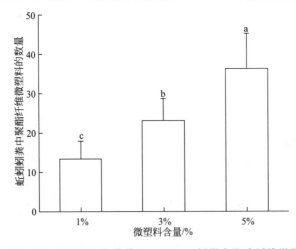

图 27-5　聚酯纤维微塑料-短期培养（15 天）蚯蚓粪中聚酯纤维微塑料的数量

（2）参考唐启义（2017）文献中的"剂量-时间-死亡率"（TDM）模型 ［式(27-3)］，利用 15 天、28 天和 96 天的数据，借助 SAS 或 DPS 求算得到微塑料对蚯蚓的剂量与时间效应指标（LD_{50}、LD_{90}、LT_{50}、LT_{90}）。

$$p_{ij} = 1 - e^{-e^{\tau_j + \beta \lg d_i}} \tag{27-3}$$

样例数据 ［（表 27-6）第 1 列为微塑料的剂量，第 2 列为初始的蚯蚓数（只），以后各列为不同时间的蚯蚓存活数］和 DPS 软件计算结果如表 27-7 所示。

表 27-6　微塑料对蚯蚓的 TDM 模型原始数据

微塑料剂量/%	培养时间			
	0 天	15 天	28 天	96 天
0.0	30	27	21	14
0.5	30	26	19	12
1.0	30	24	17	10
1.5	30	23	16	9
2.0	30	21	14	8
3.0	30	19	12	7
5.0	30	17	11	6

表 27-7　各时间点的致死对数剂量估计

时间/天	LD_{50}/%	SE	LD_{90}/%	SE
15	0.9699	0.0604	1.6848	0.1167
28	0.6867	0.0396	1.4015	0.0937
96	0.4863	0.0288	1.2011	0.0781

同时求得，剂量为 5%（即对数剂量为 0.6990）时的致死中时间为 1.9525（相当于当量时间，即把培养时间 0 天、15 天、28 天和 96 天，分别当作 1、2、3 和 4）。

27.7　思考题

（1）短期培养中，蚯蚓的体重增长率和产卵数量与微塑料添加量之间有什么样的关系？

（2）中期培养和长期培养中，蚯蚓的产卵数量和体重增长率与微塑料添加量之间有无相关关系？

（3）微塑料添加对蚯蚓的死亡率有无显著影响？

（4）长期培养实验中，各处理中蚯蚓主要分布于哪种深度的土层？添加聚酯纤维微塑料对蚓穴密度及蚯蚓分布有显著影响吗？

（5）以上实验是否足以反映微塑料对土壤生态环境的影响作用？为什么？

参考文献

［1］Andrady A L. Microplastics in the Marine Environment. Marine Pollution Bulletin，2011，62（8）：1596-1605.

［2］Bessa F，Ratcliffe N，Otero V，et al. Microplastics in Gentoo Penguins from the Antarctic Region. Scientific Reports，2019，9（1）：14191.

［3］Blasing M，Amelung W. Plastics in Soil：Analytical Methods and Possible Sources. Science of the Total Environment，2018，612：422-435.

［4］Cole M，Lindeque P，Fileman E，et al. Microplastic Ingestion by Zooplankton. Environmental Science and Technology，2013，47（12）：6646-6655.

[5] Cole M, Lindeque P, Halsband C, et al. Microplastics as Contaminants in the Marine Environment: A Review. Marine Pollution Bulletin, 2011, 62 (12): 2588-2597.

[6] Cózar A, Echevarr A F, Gonz Lezgordillo J I, et al. Plastic Debris in the Open Ocean. Proceedings of the National Academy Sciences of the United States of America, 2014, 111 (28): 10239-10244.

[7] Denuncio P, Bastida R, Dassis M, et al. Plastic Ingestion in Franciscana Dolphins, Pontoporia blainvillei (Gervais and d'Orbigny, 1844), from Argentina. Marine Pollution Bulletin, 2011, 62: 1836-1841.

[8] Dris R, Gasperi J, Saad M, et al. Synthetic Fibers in Atmospheric Fallout: A Source of Microplastics in the Environment. Marine Pollution Bulletin, 2016, 104 (1-2): 290-293.

[9] Fossi M C, Panti C, Ouerranti C, et al. Are Baleen Whales Exposed to the Threat of Microplastics? A Case Study of the Mediterranean Fin Whale (Balaenoptera physalus). Marine Pollution Bulletin, 2012, 64 (11): 2374-2379.

[10] Fredric M Windsor, Isabelle Durance, Alice A Horton, et al. A Catchment-Scale Perspective of Plastic Pollution. Global Change Biology, 2019, 25: 1207-1221.

[11] Fuller S, Gautam A. A Procedure for Measuring Microplastics Using Pressurized Fluid Extraction. Environmental Science and Technology, 2016, 50 (11): 5774-5780.

[12] Germanov E S, Marshall A D, Bejder L, et al. Microplastics: No Small Problem for Filter-Feeding Megafauna. Trends in Ecology and Evolution, 2018, 33: 227-232.

[13] Goldstein M C, Rosenberg M, Cheng L. Increased Oceanic Microplastic Debris Enhances Oviposition in an Endemic Pelagic Insect. Biology Letters, 2012, 8 (5): 817-820.

[14] Hernandez L M, Yousefi N, Tufenkji N. Are There Nanoplastics in Your Personal Care Products? Environmental Science and Technology Letters, 2017, 4: 280-285.

[15] Horton A A, Walton A, Spurgeon D J, et al. Microplastics in Freshwater and Terrestrial Environments: Evaluating the Current Understanding to Identify the Knowledge Gaps and Future Research Priorities. Science of the Total Environment, 2017, 586: 127-141.

[16] Huerta Lwanga E, Thapa B, Yang X, et al. Decay of Low-Density Polyethylene by Bacteria Extracted from Earthworm's Guts: A Potential for Soil Restoration. Science of the Total Environment, 2018, 624: 753-757.

[17] Hurley R R, Lusher A L, Marianne O, et al. Validation of a Method for Extracting Microplastics from Complex, Organic-rich, Environmental Matrices. Environmental Science and Technology, 2018, 52 (32): 7409-7417.

[18] Imhof H K, Ivleva N P, Schmid J, et al. Contamination of Beach Sediments of a Subalpine Lake with Microplastic Particles. Current Biology, 2013, 23 (19): 867-868.

[19] Jinrui Zhang, Siyang Ren, Wen Xu, et al. Effects of Plastic Residues and Microplastics on Soil Ecosystems: A Global Meta—analysis. Journal of Hazardous Materials, 2022, 435 (8): 129065.

[20] Kanhai L D K, Gardfeldt K, Krumpen T, et al. Microplastics in Sea Ice and Seawater Beneath Ice Floes from the Arctic Ocean. Scientific Reports, 2020, 10: 5004.

[21] Karbalaei S, Hanachi P, Walker T R, et al. Occurrence, Sources, Human Health Impacts and Mitigation of Microplastic Pollution. Environmental Science and Pollution Research, 2018, 25 (36): 36046-36063.

[22] Law K L, Morét-Ferguson S E, Maximenko N A, et al. Plastic Accumulation in the North Atlantic Subtropical Gyre. Science, 2010, 329 (5996): 1185-1188.

[23] Law K L, Thompson R C. Microplastics in the Seas. Science, 2014, 345 (6193): 144-145.

[24] Li X, Chen L, Mei Q, et al. Microplastics in Sewage Sludge from the Wastewater Treatment Plants in

China. Water Research，2018，142：75.

[25]　Lobelle D，Cunliffe M. Early Microbial Biofilm Formation on Marine Plastic Debris. Marine Pollution Bulletin，2011，62（1）：197-200.

[26]　Lu Shibo，Qiu Rong，Hu Jiani，et al. Prevalence of Microplastics in Animal-Based Traditional Medicinal Materials：Widespread Pollution in Terrestrial Environments. Science of the Total Environment，2020，709：136214.

[27]　Lwanga E H，Gertsen H，Gooren H，et al. Microplastics in the Terrestrial Ecosystem：Implications for Lumbricus terrestris（Oligochaeta Lumbricidae）. Environmental Science and Technology，2016，50（5）：2685-2691.

[28]　Lwanga E H，Vega J M，Quej V K，et al. Field Evidence for Transfer of Plastic Debris along a Terrestrial Food Chain. Scientific Reports，2017，7（1）：14071.

[29]　Machado A A，Kloas W，Zarfl C，et al. Microplastics as an Emerging Threat to Terrestrial Ecosystems. Global Change Biology，2018，24（4）：1405-1416.

[30]　Machado A A，Lau C W，Till J，et al. Impacts of Microplastics on the Soil Biophysical Environment. Environmental Science and Technology，2018，52（17）：9656-9665.

[31]　Mason S A，Garneau D，Sutton R，et al. Microplastic Pollution is Widely Detected in US Municipal Wastewater Treatment Plant Effluent. Environmental Pollution，2016，218：1045-1054.

[32]　Murray F，Cowie P R. Plastic Contamination in the Decapod Crustacean *Nephrops norvegicus*（Linnaeus，1758）. Marine Pollution Bulletin，2011，62（6）：1207-1217.

[33]　Nolte T M，Hartmann N B，Kleijn J M，et al. The Toxicity of Plastic Nanoparticles to Green Algae as Influenced by Surface Modification，Medium Hardness and Cellular Adsorption. Aquatic Toxicology，2017，183：11-20.

[34]　Peng G Y，Xu P，Zhu B S，et al. Microplastics in Freshwater Fiver Sediments in Shanghai，China：A Case Study of Risk Assessment in Megacities. Environmental Pollution，2018，234：448-456.

[35]　Rech S，Macayacaquilpán V，Pantoja J F，et al. Rivers as a Source of Marine Litter：A Study from the SE Pacific. Marine Pollution Bulletin，2014，82（1-2）：66-75.

[36]　Rillig M C，Ziersch L，Hempel S. Microplastic Transport in Soil by Earthworms. Scientific Reports，2017，7（1）：1362.

[37]　Rillig M C. Microplastic in Terrestrial Ecosystems and the Soil？Environmental Science and Technology，2012，46（12）：6453-6454.

[38]　Roch S，Friedrich C，Brinker A. Uptake Routes of Microplastics in Fishes：Practical and Theoretical Approaches to Test Existing Theories. Scientific Reports，2020，10：3896.

[39]　Su L，Xue Y，Li L，et al. Microplastics in Taihu Lake，China. Environmental Pollution，2016，216：711-719.

[40]　Shuling Zhao，Zhiqin Zhang，Li Chen，et al. Review on Migration，Transformation and Ecological Impacts of Microplastics in Soil. Applied Soil Ecology，2022，176：104486.

[41]　Wagner M，Scherer C，Alvarez-Muñoz D，et al. Microplastics in Freshwater Ecosystems：What We Know and What We Need to Know. Environmental Sciences Europe，2014，26（1）：12-21.

[42]　Wang J D，Peng J P，Tan Z，et al. Microplastics in the Surface Sediments from the Beijiang River Littoral Zone：Composition，Abundance，Surface Textures and Interaction with Heavy Metals. Chemosphere，2017，171：248-258.

[43]　Wang W F，Ndungu A W，Li Z，et al. Microplastics Pollution in Inland Freshwaters of China：A Case Study in Urban Surface Waters of Wuhan，China. Science of the Total Environment，2017，575：1369-1374.

[44] Wang W F, Yuan W K, Chen Y L, et al. Microplastics in Surface Waters of Dongting Lake and Hong Lake, China. Science of the Total Environment, 2018, 633: 539-545.

[45] Xin Long, Tzung-May Fu, Xin Yang, et al. Efficient Atmospheric Transport of Microplastics over Asia and Adjacent Oceans. Environmental Science and Technology, 2022, 56: 6243-6252.

[46] Yujie Zhou, Junxiao Wang, Mengmeng Zou, et al. Microplastics in Urban Soils of Nanjing in Eastern China: Occurrence, Relationships, and Sources. Chemosphere, 2022, 303: 134999.

[47] Zhang G S, Liu Y F. The Distribution of Microplastics in Soil Aggregate Fractions in Southwestern China. Science of The Total Environment, 2018, 642: 12-20.

[48] Zhang Junjie, Wang Lei, Kannan Kurunthachalam. Polyethylene Terephthalate and Polycarbonate Microplastics in Pet Food and Feces from the United States. Environmental Science and Technology, 2019, 53: 12035-12042.

[49] Zhang K, Gong W, Lv J Z, et al. Accumulation of Floating Microplastics Behind the Three Gorges Dam. Environmental Pollution, 2015, 204: 17-123.

[50] Zhang K, Shi H H, Peng J P, et al. Microplastic Pollution in China's Inland Water Systems: A Review of Fndings, Methods, Characteristics, Effects, and Management. Science of the Total Environment, 2018, 630: 1641-1653.

[51] Zhang S L, Wang J Q, Liu X, et al. Microplastics in the Environment: A Review of Analytical Methods, Distribution, and Biological Effects. Trends in Analytical Chemistry, 2019, 111: 62-72.

[52] Zhiqin Zhang, Shuling Zhao, Li Chen, et al. A Review of Microplastics in Soil: Occurrence, Analytical Methods, Combined Contamination and Risks. Environmental Pollution, 2022, 306 (8): 119374.

[53] 贾静. 微塑料在水生食物链中的富集及毒性效应研究. 大连: 大连海事大学, 2018.

[54] 李文华, 简敏菲, 余厚平, 等. 鄱阳湖流域饶河龙口入湖段优势淡水鱼类对微塑料及重金属污染物的生物累积. 湖泊科学, 2020, 32 (2): 357-369.

[55] 李晓彤. 聚酯纤维微塑料对蚯蚓 (*Eisenia foetida*) 生长的影响. 昆明: 云南大学, 2019.

[56] 刘沙沙, 付建平, 郭楚玲, 等. 微塑料的环境行为及其生态毒性研究进展. 农业环境科学学报, 2019, 38 (5): 957-969.

[57] 骆永明, 周倩, 章海波, 等. 重视土壤中微塑料污染研究防范生态与食物链风险. 中国科学院院刊, 2018, 33 (10): 1021-1030.

[58] 马乃龙, 程勇, 张利兰. 微塑料的生态毒理效应研究进展及展望. 环境保护科学, 2018, 44 (6): 117-123.

[59] 孙承君, 蒋凤华, 李景喜, 等. 海洋中微塑料的来源、分布及生态环境影响研究进展. 海洋科学进展, 2016, 34 (4): 449-461.

[60] 唐启义. DPS 数据处理系统 (第 3 卷, 专业统计及其他). 第 4 版. 北京: 科学出版社, 2017.

[61] 于娟, 许瑞, 魏逾杰, 等. 微塑料对海洋桡足类摄食、排泄及生殖的影响. 中国海洋大学学报 (自然科学版), 2020, 50 (3): 73-80.

[62] 朱莹, 曹淼, 罗景阳, 等. 微塑料的环境影响行为及其在我国的分布状况. 环境科学研究, 2019, 32 (9): 1437-1447.

实验二十八
氧化石墨烯对小球藻活性氧含量和细胞膜通透性的影响

28.1 实验目的

（1）掌握评估氧化石墨烯纳米材料健康风险的基本原理；

（2）了解藻类细胞计数仪和酶标仪的应用；

（3）掌握细胞活性氧（Reactive Oxygen Species，ROS）含量和细胞膜通透性的测试方法和步骤。

28.2 实验原理

氧化石墨烯（Graphene Oxide，GO）是由一层石墨烯碳组成的石墨烯衍生物（图 28-1）。单层 GO 含有一些含氧官能团如环氧化物、羟基、羰基和羧基，分布在石墨烯结构的表面或边缘。近几年，GO 在电化学装置、储能、细胞成像、光化学、药物传递、生物传感器、化学、生物和环境保护等方面开辟了广泛的应用领域，被认为是一种未来革命性的材料。

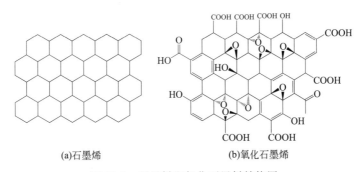

(a)石墨烯   (b)氧化石墨烯

图 28-1　石墨烯和氧化石墨烯结构图

随着 GO 在各领域的广泛应用和产量的快速增长，GO 进入环境的潜在可能性越来越大。在 GO 生产、储存、运输、使用、处理及回收整个周期中，任一环节都有可能使 GO 释放到环境中，其环境行为和健康风险评估值得大家的关注。由于独特性质，GO 在水中具有高度稳定性，且易发生迁移、转化。因此，GO 极有可能对水生生物和水环境生态造成不利影响。

藻类是初级生产力，它们构成了水生生态系统基础的食物链，同时，又因为藻类细胞具有增殖迅速、细胞个体小及对污染物敏感等特点，它们还经常被当成模式生物广泛用于水生生态系统毒性效应的评估。小球藻（*Chlorella vulgaris*）广泛存在于淡水水体中，也是藻类中具有代表性的一种藻类。因此，本实验中小球藻被用来测试 GO 的毒性效应。

细胞在纳米材料暴露下经常会导致细胞壁破坏，并产生氧化应激反应，因此细胞膜通透性和活性氧是纳米材料毒性常见的毒性测试指标。

荧光素二乙酸酯（Fluorescein Diacetate，FDA）荧光探针常用来测定小球藻细胞的通透性。该荧光探针是一种具细胞膜渗透性的酯酶底物，其本身并没有荧光，但当其通过细胞膜进入细胞后可以被细胞内非特异性的酯酶水解，生成可以发出绿色荧光的荧光基团，因此该探针除了用作细胞活力分析外，还常用来鉴定细胞膜通透性，因为只有在完整膜内才能维持荧光。

2,7-二氯二氢荧光素二乙酸酯（2′,7′-Dichlorodihydrofluorescein Diacetate，DCFC-DA）是一种氧化敏感的荧光探针，常被用来检测细胞内 ROS 的生成水平。DCFC-DA 荧光探针本身不发荧光但具有细胞膜渗透性。一旦 DCFC-DA 进入细胞后可以被细胞内的酯酶水解成 2,7-二氯二氢荧光素（2′,7′-Dichlorodihydrofluorescein，DCFH）。DCFH 不能通过细胞膜而保留在细胞内，当细胞产生过氧化氢时，DCFH 在细胞内与过氧化氢发生反应而被快速氧化生成强荧光产物 2,7-二氯荧光素（2′,7′-Dichlorodihydrofluorescein，DCF）。DCF 可被用于荧光检测，而其荧光强度可以反映细胞内总 ROS 的含量。

28.3 实验器材

28.3.1 实验仪器

藻类自动计数仪（Countstar Algae）；全功能微孔板酶标检测仪（Bio-Tek Synergy4）；高速冷冻离心机（德国 Effendorf 公司，5810R）；光照培养箱（上海博迅医疗生物仪器股份有限公司，BSG-300）；灭菌锅；移液器；超净台。

28.3.2 实验材料和试剂

原始单层 GO 纳米片（货号 XF002-1，纯度大于 99%，单层率大于 99%），横向片径 $0.5\sim5\mu m$，厚度 $0.8\sim0.9nm$，购买自南京先丰纳米科技有限公司（中国）；小球藻细胞为购买自中国科学院水生生物研究所（武汉）的普通淡水小球藻，其产品编号为 FACHB-8；BG-11(Blue-Green Medium) 培养基购买自青岛海博生物科技有限公司；DCFH-DA 和 FDA 荧光探针均购置于 Sigma Aldrich 公司；黑色 96 孔板（货号 C0221A）购买自德国 Greiner Bio-one 公司；移液器枪头；Milli-Q 超纯水。

28.4 实验步骤

28.4.1 小球藻培养及氧化石墨烯毒性暴露

（1）小球藻藻种传代及培养

将一试管（13~15mL）小球藻藻种（细胞浓度大于 10^6 个/mL）接种到 250mL、内装 100mL pH=7.0 的 BG-11 培养基的锥形瓶中。接种过程中使用的所有锥形瓶、枪头以及培养基等器具均在灭菌锅中 120℃灭菌，灭菌冷却后移入超净台继续使用紫外线灭菌 2h，以免藻种受到污染。在超净台进行藻种接种的全过程中，均有燃烧的酒精灯在旁边以避免杂菌污染。接种后的藻细胞放入光照培养箱中进行培养。光照培养箱中温度为（25.0±0.5）℃，光照强度为10000lx，光照黑暗比为16h/8h。培养过程中每天至少手摇3次锥形瓶以保证藻不会贴壁生长。4天后取出1/3的藻种加入相当于其2倍体积的培养基继续接种培养。重复上述接种过程两次，得到处于指数增长期的小球藻来进行GO暴露实验。

（2）100mg/L GO悬浮液配制

准确称量10mg GO，使用100mL灭菌的BG-11培养基使GO初步分散于150mL旋盖玻璃瓶中。然后，将旋盖玻璃瓶置于超声清洗仪中以40kW的功率冰浴超声30min（期间每10min将旋盖玻璃瓶中的液体颠倒摇匀一次）。30min后，即得到浓度为100mg/L的GO悬浮母液，用于后续小球藻的暴露实验。

（3）实验染毒及暴露

暴露实验中，GO的染毒浓度梯度分两种：0mg/L（空白对照组）和10mg/L，每组浓度设置5个平行组。染毒实验过程如下：小球藻装在250mL锥形瓶中（内含100mL的BG-11培养基，其中的GO浓度分别为0mg/L和10mg/L），置于光照培养箱中进行藻类培养。培养箱的气候条件设置与藻种培养时相同。小球藻染毒时间为96h，在染毒期间每天手摇3次，并随机调换锥形瓶的位置，以降低锥形瓶在光照培养箱中因位置不同可能对实验结果带来的影响。小球藻染毒时初始细胞浓度约为1.0×10^5个/mL。

二维码28-1
小球藻染毒暴露

28.4.2　小球藻细胞计数

小球藻细胞暴露于GO中96h后，采用Countstar Algae藻类自动计数仪进行计数测量。其简要步骤为：取20μL小球藻悬浮液于上述自动计数仪的载玻片的凹槽中，测定藻细胞数量。每个样品测定3次，取平均值。

二维码28-2
小球藻细胞计数

28.4.3　细胞膜通透性测定

（1）FDA溶液配制

将FDA溶于DMSO中，配成浓度为1mol/mL的高浓度母液，置于4℃黑暗避光保存。在使用前用BG-11培养基溶液稀释母液，使其浓度为10μmol/L，现配现用。

（2）FDA染色

取暴露于GO中96h后的小球藻悬浮液1mL，室温4000r/min离心15min，弃去上清液随后加入1mL BG-11清洗1次。用移液器弃去上层清洗液后加入用BG-11培养基配制好的浓度为10μmol/L的FDA溶液，在涡旋混匀器上振荡混匀，放置在光照培养箱中25℃黑暗孵育30min。待样品孵育完成后，用BG-11培养基清洗藻细胞3遍，再用BG-11培养基定容至1mL，振荡混匀。

二维码28-3
荧光染料染色

（3）酶标仪荧光检测

取0.2mL混匀的藻细胞悬浮液放入黑色96孔板中，使用酶标仪测定其荧光值。最大激发波长（E_x）和发射波长（E_m）分别为485nm和521nm。

二维码28-4
酶标仪荧光检测

28.4.4　活性氧测定

（1）1mol/mL 高浓度 DCFC-DA 母液的配制

1mol 的 DCFH-DA 的质量为 500mg。先称取 500mg 的 DCFH-DA，溶于 1mL 的 DM-SO，即得到 1mol/mL 的高浓度 DCFC-DA 母液（方便存储）。将其置于 4℃冰箱中。每次使用之前再用 BG-11 培养基将母液稀释至 $10\mu mol/L$。现配现用，注意避光。

（2）DCFC-DA 染色

取暴露于 GO 中 96h 后的小球藻悬浮液 1mL（约有 10^6 个小球藻细胞），室温下 4000r/min 离心 15min，弃去上清液，随后加入 1mL BG-11 清洗 1 次。用移液器弃去上层清洗液后加入前述以 BG-11 培养基配制好的浓度为 $10\mu mol/L$ 的 DCFC-DA 溶液，在涡旋混匀器上振荡混匀，放置在光照培养箱中 25℃黑暗孵育 30min。待样品孵育完成后，用 BG-11 培养基清洗藻细胞 3 遍，再用 BG-11 培养基定容至 1mL，振荡混匀。

（3）酶标仪荧光检测

取 0.2mL 混匀的藻细胞悬浮液放入黑色 96 孔板中，使用酶标仪测定其荧光值。最大激发波长（E_x）和发射波长（E_m）分别为 485nm 和 530nm。

28.5　数据处理

（1）小球藻体内细胞膜通透性的最终结果以空白对照组荧光值为参考，GO 实验组相对小球藻细胞膜通透性以荧光强度除以对照组荧光强度乘以 100%表示。

（2）小球藻体内 ROS 的最终结果以空白对照组荧光值为参考，GO 实验组相对小球藻体内 ROS 水平以荧光强度除以对照组荧光强度乘以 100%表示。

28.6　注意事项

（1）DCFC-DA 和 FDA 荧光探针染色时，染色液需现配现用。
（2）小球藻细胞染色孵育过程中需要黑暗避光。
（3）染色后小球藻细胞需要用 BG-11 清洗至少 3 次。

28.7　思考题

（1）染色后小球藻细胞为什么需要用 BG-11 清洗多次？
（2）当小球藻样品用酶标仪检测时为什么需要用黑色 96 孔板测定？如使用白色透明孔板，可能会带来什么问题？

28.8　实验记录和报告

（1）实验名称
（2）实验日期
（3）指导教师

（4）学生姓名

（5）原始记录

（6）实验报告

参考文献

［1］ Novoselov K S，Fal'ko V I，Colombo L，et al. A Roadmap for Graphene. Nature，2012，490（7419）：192-200.

［2］ Suleiman Dauda，Mathias Ahii Chia，Sunday Paul Bako. Toxicity of Titanium Dioxide Nanoparticles to *Chlorella vulgaris* Beyerinck（Beijerinck）1890（Trebouxiophyceae，Chlorophyta）Under Changing Nitrogen Conditions. Aquatic Toxicology，2017，187：108-114.

［3］ Xiangang Hu，Qixing Zhou. Health and Ecosystem Risks of Graphene. Chemical Review，2013，113（5）：3815-3835.

［4］ 欧阳少虎. 三种碳纳米材料对小球藻的毒性效应及其机理研究. 天津：南开大学，2016.

实验二十九
人工湿地修复农业面源污染的虚拟仿真

29.1　实验目的

农业面源污染主要是指在农业生产活动过程中，由于各种污染物以低浓度、大范围、缓慢地在土壤圈内运动或从土壤圈向水圈扩散，致使土壤、含水层、湖泊、河流、滨岸、大气等生态系统遭到污染的现象。

农业面源污染主要包括化肥污染、农药污染、畜禽粪便污染、农业废弃物污染、生活垃圾及工业"三废"污染等。

农业面源污染导致农产品产地生态环境恶化。受污染地区生产的蔬菜、水果中的硝酸盐、农药和重金属等有害物质残留量超标，导致农产品安全问题突出，阻碍农产品出口贸易。此外，农业面源污染还会造成大气、水体、土壤、微生物污染，对人居环境产生危害，影响人们身体健康。

农业面源污染的防治与修复，除了采取源头减量、过程阻断、养分利用等措施外，还应创新利用一些新型的绿色环境技术，如生态浮岛（床）、生态潜水坝、河岸湿地等，其中人工湿地因具有氮磷去除能力强、净化效果好、工程基建和运行费用相对低廉等优点，而广泛应用于包括农业面源污染等污水的净化与修复。

人工湿地是一种基于天然湿地净化机理，为修复与净化污水而人为设计、建造的工程化湿地系统。它依靠物理、化学、生物的协同作用，强化自然湿地生态系统的去污能力，完成污水的净化。人工湿地不仅在提供水资源、调节气候、降解污染物等方面发挥着重要作用，还能吸收二氧化硫、二氧化碳和氮氧化物等气体，具有强大的自然调节和生态修复功能。

但是在实验室条件下若是开展人工湿地修复农业面源污染实验，一方面需要一定的建设场地及配套的基建与维护措施；另一方面也存在实验周期过长、实验条件无法控制等不足。

基于以上原因，本实验在结合最新的人工湿地科研成果和先进技术的基础上，开发"人工湿地修复农业面源污染虚拟仿真实验"软件，使学生在身临其境地自主学习与掌握相关科学原理的基础上，设计人工湿地，并通过在虚拟仿真平台上的模拟实训操作，熟悉和掌握人工湿地修复农业面源污染的基础知识和工艺流程；针对不同的污水工况，通过改变相关参数以达成特定的修复与净化效果，从而提升学生解决实际问题的能力，为培养环境科学与工程学科综合型高素质人才打下基础。

29.2　实验原理

29.2.1　人工湿地的类型

人工湿地是由人工基质和生长于其上的水生植物（如芦苇、美人蕉、香蒲、睡莲、金鱼藻、浮萍等）共同组成可调控的"基质-植物-微生物"生态系统。当地表径流、工农业废水、生活污水等有控制性地被投配到其中时，通过生态系统中物理、化学和生物的三重协同作用，实现对污水的净化与修复。其修复与净化机理包括吸附、滞留、过滤、氧化还原、沉淀、微生物分解转化、植物遮蔽、残留物积累、水分蒸腾、养分吸收及各类动物的作用。

人工湿地的分类方法多种多样。从工程实用的角度出发，可按系统布水或水流方式的差异，将人工湿地分为表面流人工湿地（Surface Flow Constructed Wetland，SFCW）和潜流型人工湿地，潜流型人工湿地又可分为水平潜流人工湿地（Horizontal Subsurface Flow Constructed Wetland，HSFCW）和垂直潜流人工湿地（Vertical Subsurface Flow Constructed Wetland，VSFCW）。其中，表面流人工湿地，污水在基质层表面以上，从池体进水端水平流向出水端；水平潜流人工湿地，污水在基质层表面以下，从池体进水端水平流向出水端；垂直潜流人工湿地，污水垂直通过池体中的基质层（图29-1、图29-2）。

(a)表面流人工湿地　　　　(b)水平潜流人工湿地　　　　(c)垂直潜流人工湿地

图 29-1　人工湿地剖面图

(a)表面流人工湿地　　　　(b)水平潜流人工湿地　　　　(c)垂直潜流人工湿地

图 29-2　人工湿地实景图

29.2.2　人工湿地中植物、微生物、基质的作用

（1）常见湿地植物及其作用

湿地植物是人工湿地的重要组成部分。筛选适宜的人工湿地植物，对提高和稳定人工湿地的净化功能具有重要意义。

表面流湿地，可同时选择挺水型花卉植物、沉水型花卉植物、浮叶型花卉植物、漂浮型花卉植物。潜流湿地，只可选择挺水植物。

① 常见的挺水型花卉植物

常见的挺水型花卉植物如图 29-3 所示。

(a)芦苇   (b)美人蕉   (c)香蒲

(d)水葱   (e)千屈菜   (f)大米草

(g)黄花鸢尾   (h)梭鱼草   (i)水芹

图 29-3   常见的挺水型花卉植物

② 常见的沉水型花卉植物

常见的沉水型花卉植物如图 29-4 所示。

(a)金鱼藻   (b)黄花狸藻   (c)粉绿狐尾藻

图 29-4   常见的沉水型花卉植物

③ 常见的漂浮型花卉植物

常见的漂浮型花卉植物如图 29-5 所示。

④ 常见的浮叶型花卉植物

常见的浮叶型花卉植物如图 29-6 所示。

生长于人工湿地上的植物，除具有美化与改善生态环境外，还具有如下功能。

① 吸收水体污染物

湿地植物能直接吸收、利用污水中的氮、磷等营养物质供其生长发育，同时还能富集一

(a) 满江红

(b)浮萍

(c)凤眼莲

图 29-5 常见的漂浮型花卉植物

(a)睡莲

(b)萍蓬草

(c)菱

图 29-6 常见的浮叶型花卉植物

些有毒重金属。在植物成熟期进行收割，是有效去除水体污染物的一种方式。但要注意的是，一般情况下植物自身吸收能力有限，基质和微生物的协同作用仍是人工湿地净化作用的最主要途径。同时，湿地植物还可以通过自身的一些分泌物来抑制藻类的生长，有效地抑制水华现象的产生。

② 为根际微生物提供生长环境

湿地植物庞大的根系可以为细菌等微生物提供多样的生境，有助于根区微生物群落对多种污染物的降解。同时，湿地植物的根系周围能够形成良好的硝化与反硝化环境，从而有利于碳、氮等污染物的降解作用。

③ 保持湿地系统的稳定

湿地植物的根系可以作为天然的过滤网，沉淀水中的一些悬浮颗粒、重金属，从而提高系统净化效率。植物庞大的根系能有效增强和维持介质的水力传导，提高出水速率，也使得表层砂土的水流通道畅通，加速污水流动，减少湿地死水区域。

（2）常见湿地基质及其作用

基质是由大小不同的砂、砾石、土壤颗粒等按一定厚度铺成的供植物生长、微生物附着的人工设计床体。基质是水生植物和微生物赖以生存的场所，是有机污染物转为无机无毒物质的枢纽。

湿地基质既是湿地植物的直接支撑者，也是湿地微生物和湿地土壤动物的生活场所。基质一方面为湿地植物和微生物的生长提供稳定依附表面和营养物质，另一方面也可通过其自身的吸附、吸收、过滤、离子交换、络合等物理化学作用，有效地去除污水中的磷素和氮素。

基质的组成与复配直接关系到氮、磷的净化效率。由于不同基质对污水中不同污染物的去除能力不同，且考虑到基质的易得性和成本，特别是各种基质材料之间存在着互补效应，因此，为了达到较好的除氮、除磷效果，往往需要对湿地基质进行复配。比如，若将对总氮有较好去除效果、低孔隙率、高水力渗透系数的基质，与除磷效果良好、较大孔隙度、高比表面积、通透性良好的多孔介质复配，可大大提高人工湿地的氮、磷去除效果。

常见的人工湿地系统基质如图 29-7 所示。

(a)石灰石 (b)硅灰石 (c)沸石
(d)砾石 (e)河砂 (f)炉渣

图 29-7 常见人工湿地系统基质

（3）湿地微生物及其作用

湿地微生物主要有菌类、藻类、原生动物和病毒，它们在湿地养分的生物地球化学循环过程中往往发挥着核心作用。在微生物生长过程中，需要吸收一些营养元素和重金属元素以保证其正常生长和代谢；同时它们分泌的一些高分子聚合物，对重金属也有一定的络合力；此外，微生物的硝化与反硝化作用对于去除湿地中的氮也起着重要作用。

湿地中的水生动物对于提高土壤通气性、透水性和促进有机物的分解、转化发挥着重要的作用。底栖动物如螺蛳、螃蟹、小型软体动物、摇蚊幼虫、水蚯蚓、贝壳和淡水鱼虾等，构成了湿地生态系统的食物消费链；水中浮游生物是鱼类的饵料，通过改变鱼类的数量结构来操纵植食性浮游动物的群落结构，促进滤食效率高的植食性浮游动物的生长，进而降低藻类生物量、改善水质。蚌类的增多可使水质变清，从而为轮藻类植物的大量生长提供有利条件，后者为草食性水禽提供食物，由此扩大水禽的数量及其在湿地上的停留时间。

29.2.3 人工湿地净化氮、磷的机制

（1）氮的降解与去除

人工湿地中氮的转化与去除可分为以下几个过程。

① 氨化作用（Ammonifcation）或矿化作用（Mineralization）

氨化作用或矿化作用是指有机氮向氨氮的转化过程。有机氮不能直接被植物利用，需要先被异养微生物逐渐转化为 NH_4^+ 方可。

$$NH_2CONH_2 + H_2O \longrightarrow 2NH_3 + CO_2$$

$$NH_3 + H_2O \rightleftharpoons NH_4^+ + OH^-$$

② 硝化反应（Nitrification）

在有氧条件下，通过氨氧化细菌（Ammonium Oxidation Bacteria，AOB，又称亚硝化细菌）和亚硝酸氧化细菌（Nitrite Oxidation Bacteria，NOB（又称硝化细菌））的作用将氨氧化成亚硝酸和硝酸的过程，称为硝化（Nitrification）。这一过程分为两个阶段：在 AOB 的作用下，氨被转化为亚硝酸（也称亚硝化作用）；然后亚硝酸在 NOB 的作用下，被进一步转化为硝酸。硝化过程的反应式如下：

$$NH_4^+ + 1.5O_2 \xrightarrow{\text{亚硝化细菌}} NO_2^- + H_2O + 2H^+ + 能量$$

$$NO_2^- + 0.5O_2 \xrightarrow{\text{硝化细菌}} NO_3^- + 能量$$

③ 反硝化反应（Denitrification）

在缺氧条件下，兼性细菌（反硝化菌）将 NO_2^- 和 NO_3^- 还原成 N_2 的过程，称为反硝化（Denitrification）。反硝化过程中的电子供体（供氢体）是各种各样的有机底物（碳源）。以甲醇作碳源为例，其反应式为：

$$6NO_3^- + 2CH_3OH \longrightarrow 6NO_2^- + 2CO_2 + 4H_2O$$

$$6NO_2^- + 3CH_3OH \longrightarrow 3N_2 + 3CO_2 + 3H_2O + 6OH^-$$

由上式可见，在生物反硝化过程中，不仅可使 NO_2^- 和 NO_3^- 被还原，而且还可使有机物氧化分解，并在反硝化过程中会产生碱度。

反硝化菌是活性污泥中常见的异养细菌，在有氧环境下利用分子氧进行呼吸，而在无分子氧的条件下，则利用硝酸根（亚硝酸根）作为电子受体进行呼吸，进行反硝化。

④ 同化作用（Assimilation）或固定化（Immobilization）作用

同化作用或固定化作用将硝酸盐或氨氮转化为有机氮。固定化可看作是矿化反应的逆反应，通过微生物的固定化反应，无机氮便可被植物所利用。

⑤ 分解作用（Decomposition）

生物有机体腐烂、分解后，其中的氮转化为有机氮。

总之，湿地脱氮过程如图 29-8 所示。

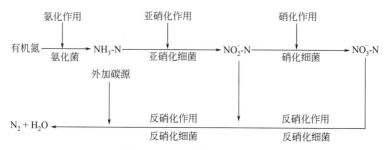

图 29-8　湿地脱氮过程示意图

（2）磷的降解与去除

湿地污水生物除磷就是利用聚磷菌一类的微生物，过量地、超出其生理需要地从外部摄取磷，并将其以聚合形态储藏在体内，形成高磷湿地排除系统，从而达到从废水中除磷的效果。其基本过程如下：

① 在没有溶解氧和硝态氮存在的厌氧区内，发酵型产酸菌将溶解性有机物转化为低分子发酵产物乙酸。聚磷菌则水解体内的聚磷，并将水解获得的一部分能量用于吸收乙酸，使其以 PHB 的形式储存在菌体内，同时释放磷酸盐。

② 在好氧区，聚磷菌将 PHB 好氧分解，产生能量用于溶解磷的吸收与聚磷菌的生长、繁殖。被吸收的磷以聚磷酸高能键的形式储存在细菌体内。同时由于新的聚磷细胞的形成，产生了富磷污泥。因此，通过剩余污泥的排放，实现磷的去除。可见，磷的厌氧释放是磷好氧吸收和除磷的前提条件。厌氧、好氧交替的湿地系统仿佛是聚磷细菌的"选择器"。

从上面可以看出，湿地污水生物除磷可能包括以下 5 种途径：

① 生物超量除磷

通过生物处理系统设计或系统运行方式的改变，使聚磷菌的细胞含磷量达到相当高的水平。

② 正常同化作用

微生物细胞合成中吸收、利用部分磷。

③ 正常液相沉淀

湿地系统中的 pH、阳离子浓度等将决定总的液相沉淀效率。

④ 加速液相沉淀

在厌氧条件下聚磷被分解，使其从菌胶团中释放出来，造成厌氧条件下的高磷浓度，加速了磷的化学沉淀作用。

⑤ 生物膜沉淀

由细菌反硝化造成，使生物膜内 pH 升高，导致磷从液相进入无机相。

29.3 人工湿地的设计与计算

人工湿地的设计与计算，主要是根据进水浓度、出水浓度、水力负荷和有机负荷等，就湿地的类型、湿地面积、基质类型、湿地床构造形式、工艺流程及其布置方式、植被类型等做出正确的选择。由于不同的进出水条件、气候条件、植被类型，故大多时候需根据各自的情况，经小试或中试取得有关数据后，再进行正式的人工湿地设计。人工湿地的设计与计算主要分以下几类。

（1）表面流人工湿地设计计算公式

由于污水在表面流人工湿地中流动缓慢，故可将其视为一级推流式反应器，其稳态条件下的动力学方程为：

$$C_e = C_0 A e^{-0.7K_T t A_v^{1.75}} \tag{29-8}$$

$$K_T = K_{20}(1.05)^{T-20} \tag{29-9}$$

式中，C_e 为出水 BOD_5 的浓度，mg/L；C_0 为进水 BOD_5 的浓度，mg/L；A 为以污泥形式沉积在湿地床前部的 BOD_5 的浓度，一般取 0.52mg/L；K_T 为设计温度下的反应速率常数，d^{-1}；t 为水力停留时间，等于湿地设计容积 V 除以流量 Q，h；A_v 为比表面积，一般取 $15.7m^2/m^3$；K_{20} 为 20℃时的反应速率常数，一般取 $0.0057d^{-1}$；T 为设计水温，℃。

（2）潜流人工湿地设计计算公式

① 潜流人工湿地床所需面积

潜流人工湿地床所需表面积按下式计算：

$$A_s = \frac{Q(\ln C_0 - \ln C_e)}{K_T h \varepsilon} \tag{29-10}$$

式中，A_s 为湿地床面积，m^2；Q 为进水设计流量，m^3/d；h 为湿地床深度，m；ε 为湿地床孔隙率，%。

② 潜流人工湿地床有效过流断面面积

潜流型系统的有效过流断面面积用达西定律计算：

$$A_c = Q/(K_s S) \tag{29-11}$$

式中，A_c 为与水流方向垂直的湿地床截面积，m^2；K_s 为介质的水力传导率，$m^3/(m^2 \cdot d)$；S 为床层坡度，%。

③ 潜流人工湿地床水力停留时间

水力停留时间可用下式计算得到：

$$t = \frac{V}{Q} = \frac{L w h \varepsilon}{Q} \tag{29-12}$$

式中，V 为湿地设计容积，m^3；w 为床层宽度，m；L 为床层长度，m。

上述计算公式已经被内嵌于程序内部，用户只需点击"表面流（或潜流）人工湿地模拟运行"按钮，输入湿地进水的温度、污染物浓度、流量和湿地面积等，再点击"出水浓度"按钮，在出现的页面中，点击"计算"按钮，即可看到湿地出水中各种污染物浓度的时间变化图和相应的计算结果表格，其中包括有关湿地设计的各种参数，如湿地面积、长度、宽度、水深、基质深度、水力负荷、水力停留时间、表面有机负荷、植物搭配、基质组成等。再返回上一页，点击"去除率"按钮，可查看湿地对各种污染物的去除率随时间变化的曲线和相应的计算结果表格。

29.4　人工湿地的维护与管理

人工湿地的运行可依据处理规模的大小进行多种方式的组合。一般有单一式、并联式、串联式和综合式。日常使用中，人工湿地还经常与氧化塘进行串联组合。

人工湿地处理系统的启动一般要经历两个阶段，即系统调试、植物复活、根系发育的不稳定阶段；和植物生长成熟、处理效果良好的稳定成熟阶段。

针对不同的阶段，应采用不同的运行维护措施，尤其要注意植物系统的管理，以及低温运行环境下的系统维护。

29.5　实验步骤

29.5.1　认识软件平台

在浏览器中输入网址后，选择适当的身份完成登录。点击"开始实验"按钮后，进入实验页面。

"人工湿地修复农业面源污染虚拟仿真实验"软件平台包括 7 个模块，即"实验目的""实验原理""人工湿地知识测试""人工湿地场景交互，运行，维护""人工湿地设计与计算""人工湿地模拟运行与灵敏性分析"和"参考资料"。

29.5.2 熟悉实验原理

点击"实验原理"按钮，可以看到实验原理页面包括 6 项内容："人工湿地类型""常见湿地植物及其作用""常见湿地基质及其作用""湿地微生物及其作用""氮的降解与去除"和"磷的降解与去除"。用户可依次点击内容按钮，查看相关实验原理。点击"返回"按钮，可返回上一级菜单；也可点击"返回主菜单"返回主界面。

29.5.3 人工湿地知识测试

点击"人工湿地知识测试"按钮，进入测试环节。测试共有 4 页，20 道题。用户可以点击白色选项框进行选择，测试完成后，须达到 90％以上的正确率才能进入下一步实验，否则需要再次进行测试。如果连续两次都未达到 90％以上的正确率，系统将给出答案提示，以帮助用户掌握湿地相关知识。

29.5.4 人工湿地场景交互

点击"人工湿地场景交互，运行，维护"按钮，进入相应的菜单，让用户在虚拟环境中完成人工湿地的构建、运行与维护等操作。

在"场景交互"菜单里，首先用户需要输入湿地进水的各项指标。它们的输入范围被约束在由《人工湿地污水处理工程技术规范》（HJ 2005—2010）与《地表水环境质量标准》（GB 3838—2002）（Ⅳ类水）所规定的范围之内，否则会出现错误提示，需要重新输入。

然后根据输入的水质，判断是否需要进行沉降和酸化处理；如果水面发现漂浮物，则需要判断是否要启用格栅。

接着，根据输入的水质，选择构建哪种类型的人工湿地。然后，选择人工湿地基质的底层、中层和表层材料。

最后，根据人工湿地的不同类型，选择搭配适宜的植物种类。

29.5.5 人工湿地的模拟运行

点击屏幕右上角的"开始实验"按钮，开始湿地的模拟运行。

模拟实验开始前，先输入温度、进水流量、进水 BOD_5 浓度、进水 COD_{Cr} 浓度、进水 SS 浓度、进水氨氮浓度、进水 TP 浓度等，再点击屏幕右侧的"水质变化"按钮，可查看水质的实时变化情况；点击屏幕右侧的"植物维护"按钮，可查看当前湿地中各种植物的总数和死亡数量；点击"植物数量"显示框下方的"植物维护"按钮，可以将死亡植物进行替换和补充；点击屏幕右侧的"水流方向"按钮，可以查看采用当前类型的湿地其水流方向和湿地刨面图。

在上述模拟运行过程中，用户可将系统切换至第一人称漫游视角。利用鼠标或键盘方向键移动视角，便于从虚拟环境的不同方位更细致地观察人工湿地的构造。

模拟实验运行到第 6 天时，实验结束（预设的表面流湿地运行时间是 8 天，潜流湿地运行时间是 3 天），屏幕右侧将出现"实验结果"和"返回"按钮。点击"实验结果"可查看系统给出的实验过程评分；点击"返回"按钮，返回主界面。

29.5.6　运行参数对修复效果的灵敏性分析

运行参数对修复效果的灵敏性分析主要有以下几个方面：

（1）温度对出水 BOD_5、COD_{Cr}、氨氮、硝态氮、总氮、有机氮浓度及各自去除率的影响进行灵敏性分析。

（2）进水 BOD_5、COD_{Cr}、氨氮、硝态氮、总氮、有机氮浓度对各自的出水浓度及去除率的影响进行灵敏性分析。

（3）进水流量对出水 BOD_5、COD_{Cr}、氨氮、硝态氮、总氮、有机氮浓度及各自去除率的影响进行灵敏性分析。

（4）植物的磷吸收系数对出水磷浓度及其去除率的灵敏性分析。

（5）植物的硝态氮吸收系数对出水硝态氮浓度及其去除率的灵敏性分析。

（6）温度对氨化反应、氧化反应、硝化反应、反硝化反应、COD 降解反应的灵敏性分析。

29.6　实验报告

根据实验目的、实验原理、实验步骤等，系统、全面地完成"人工湿地修复农业面源污染虚拟仿真实验"后，再在网页上书写实验报告。

29.7　问题与讨论

（1）人工湿地在处理环境问题时，都有哪些方面的应用？

（2）你对湿地的计算模型了解多少？目前国内外的湿地模型，都有哪些优点和不足之处？

（3）举几个湿地应用的具体例子。

参考文献

[1]　Annie Chouinard，Colin N Yates，Gordon C Balch，et al. Management of Tundra Wastewater Treatment Wetlands within a Lagoon/Wetland Hybridized Treatment System Using the SubWet 2.0 Wetland Model. Water，2014，6（3）：439-454.

[2]　Brix H. Constructed Wetlands for Municipal Wastewater Treatment in Europe. in：Mitsch W J Editor. Global Wetlands：Old World and New. Amsterdam：Elsevier，1994.

[3]　Brix H. Wastewater Treatment in Constructed Wetlands：System Design，Removal Process，and Treatment Performance. in：Moshiri G A Editors. Constructed Wetlands for Water Quality Improvement. Boca Raton，F L：Lewis Publishers，1993.

[4]　Crites R W. Design Criteria and Practice for Constructed Wetlands. Water Science and Technology，1994，29（4）：1-6.

[5]　Diederik P L Rousseau，Peter A Vanrolleghem，Niels De Pauw. Constructed Wetlands in Flanders：A Performance Analysis. Ecological Engineering，2004，23：151-163.

[6]　Gabriela Dotro，Günter Langergraber，Pascal Molle，et al. Treatment Wetlands. London：IWA Pub-

lishing，2017.

[7]　Hammar D A. Constructed Wetlands for Wastewater Treatment. Boca Raton：Lewis Publishers Inc.，1989.

[8]　Kadlec H R，Knight R L. Treatment Wetlands. Boca Raton：Lewis Publishers Inc.，1996.

[9]　Kadlec R H. Deterministic and Stochastic Aspects of Constructed Wetland Performance and Design. Water Science and Technology，1997，35（5）：149-156.

[10]　Kickuth R. Degradation and Incorporation of Nutrients from Rural Wastewater by Plant Rhizosphere under Limnic Conditions. in：Voorberg J H Editors. Utilization of Manure by Land Spreading. London：Commision of the European Communities，1977.

[11]　Knight R L，Ruble R，Kàdlec R H，et al. North American Treatment Wetland Database：Elemnet Data-Based Created for the US Environmental Protection Agency. 1993.

[12]　Konstantinos A Liolios，Konstantinos N Moutsopoulos，Vassilios A Tsihrintzis. Modeling of Flow and BOD Fate in Horizontal Substrate Flow Constructed Wetlands. Chemical Engineering Journal，2012，200（202）：681-693.

[13]　Kumar J L G，Zhao Y Q. A Riview on Numerous Modeling Approaches for Effective，Economical and Ecological Treatment Wetlands. Journal of Environmental Management，2011，1992（3）：400-406.

[14]　Paul Cooper，Mark Smith，Henrietta Maynard. The Design and Performance of a Nitrifying Vertical-Flow Reed Bed Treatment System. Water Science and Technology，1997，35（5）：215-221.

[15]　Reed Shewood C，Brown D. Subsurface Flow Wetlands：A Performance Evaluation. Water Environmental Research，1995，67（2）：244-248.

[16]　Reed S C，Crities R W，Middlebrooks E J. Natural Systems for Waste Management and Treatment（2nd Edition）. New York：McGraw-Hill，Inc.，1995.

[17]　Robert H Kadlec，Knight R L. Treatment Wetlands. Boca Raton：Lewis Publishers，1996.

[18]　Robert H Kadlec，Scott Wallcae. Treatment Wetlands（2nd Edition）. Boca Raton，FL：CRC Press，Taylor Francis Group，2009.

[19]　SubWet 2.0. Developed and Calibrated by UNEP-DTIE-IETC and the Center for Alternative Wastewater Treatment（CAWT）at Fleming Colledge［2022-05-31］. http：// www. unep. or. jp/ietc/publications/waste sanitation/subwets/indes. asp.

[20]　Sven Erik Jørgensen，Giuseppe Bendoricchio. Fundermentals of Ecological Modeling（4th Edition）. Amsterdam：Elsevier Science，2011.

[21]　Sven Erik Jørgensen，Ni-Bin Chang，Fu-Liu Xu. Ecological Modeling and Engineering of Lakes and Wetlands. Amsterdam：Elsevier Science，2014.

[22]　Tanner C C，Clayton J S，Upsdell M P. Effects of Loading Rate and Planting on Treatment of Dairy Farm Wastewaters in Constructed Wetlands-I. Removal of Oxygen Demand，Suspended Solids and Faecal Coliforms. Water Research，1995，29（1）：17-26.

[23]　U. S. Environmental Protection Agency Office of Research and Development. Design Manual of Constructed Wetlands and Aquatic Plant Systems for Municipal Wastewater Treatment. Cincinnati：Center for Environmental Research Information，1988.

[24]　U. S. Environmental Protection Agency. Sustrate Flow Constructed Wetlands for Wasterwater Treatment. A Technology Assessments. EPA 832-R-93-008. 1993.

[25]　Vymazal J. Czech Republic. in：Vymazal J，Brix H，Cooper P F，Green M B，et al. Constructed Wetlands for Wasterwater Treatment in Europe. Leiden：Backhuys Publishers，1998.

[26]　Watson J T. Design Considerations and Control Stuctures for Constructed Wetlands for Wasterwater Treatment. Proceeding 1st International Conference on Constructed Wetlands for Wasterwater Treat-

ment. Chattanooga. 1988.

[27]　崔理华，卢少勇.污水处理的人工湿地构建技术.北京：化学工业出版社，2009.

[28]　董泽仁，孙东亚.生态水利工程原理与技术.北京：中国水利水电出版社，2007.

[29]　高耀庭，顾国维，周琪.水污染控制工程（下）.第 3 版.北京：高等教育出版社，2007.

[30]　高拯民，李宪法.城市污水土地处理利用设计手册.北京：中国标准出版社，1991.

[31]　国家环境保护总局，国家质量监督检验检疫总局.地表水环境质量标准（GB 3838—2002）.2002 年 4 月 28 日发布，2002 年 6 月 1 日实施.

[32]　胡国强.活性污泥去除石油化工废水 COD 的动力学模型研究.石油化工高等学校学报，1995，8（2）：12-15.

[33]　环境科学大辞典编辑委员会.环境科学大辞典.北京：中国环境科学出版社，1991.

[34]　李慧峰.空港经济区水平潜流人工湿地设计优化研究.天津：天津大学，2012.

[35]　李素英.环境生物修复：技术与案例.北京：中国电力出版社，2015.

[36]　凌祯，杨具瑞，于国荣，等.不同植物与水力负荷对人工湿地脱除氮磷的影响.中国环境科学，2011，31（11）：1815-1820.

[37]　陆琦.人工湿地系统水力学优化设计研究.杭州：浙江大学，2005.

[38]　沈耀良，杨铨大.新型废水处理技术——人工湿地.污染防治技术，1996，9（1-2）：1-8.

[39]　王建龙，文湘华.现代环境生物技术.北京：清华大学出版社，2000.

[40]　王世和.人工湿地污水处理：理论与技术.北京：科学出版社，2007.

[41]　王薇，余燕，王世和.人工湿地污水处理工艺与设计.城市环境与城市生态，2001，14（1）：59-62.

[42]　吴海明，张建，李伟江，等.人工湿地植物泌氧与污染物降解耗氧关系研究.环境工程学报，2010，4（9）：1973-1977.

[43]　吴振斌，成水平，贺锋，等.垂直流人工湿地的设计及净化功能研究初探.应用生态学报，2002，13（6）：715-718.

[44]　尹军，崔玉波.人工湿地污水处理技术.北京：化学工业出版社，2006.

[45]　张润楚，孟建丽，魏铮.人工湿地设计计算方法探讨.给水排水，2017，43（增刊）：146-147.

[46]　张自杰.排水工程（下）.第 4 版.北京：中国建筑工业出版社，1999.

[47]　中华人民共和国环保部.人工湿地污水处理工程技术规范.中华人民共和国国家环境保护标准（HJ 2005—2010）.北京：中国环境出版社，2010.

[48]　诸惠昌，胡纪萃.新型废水处理工艺——人工湿地的设计方法.环境科学，1993，14（2）：39-44.

实验三十
种群捕食关系的系统动力学模拟

30.1　实验目的

（1）初步掌握相关系统动力学软件的使用方法，包括建模、运行、调试和灵敏性分析等；

（2）通过计算机建模实验，理解生态系统的复杂演变过程，培养系统思考能力。

30.2　实验原理

自然界中同一环境下两个种群之间的生存方式包括相互竞争、相互依存和弱肉强食等。为描述种群之间的动态行为，常常需要通过求解微分（差分）方程（组）来实现。而在实际的教学过程中，一方面大部分微分（差分）方程（组）求解困难（不但需要较好的数学运算能力，而且在很多情形下，由于因子间的关系过于复杂，方程不能求得解析解）；另一方面由于时间或条件的限制，许多模型及其参数不能通过常规的生态学或生物学实验来验证，这使得学生难以准确理解和掌握种群的动态变化过程，更无法定量化描述一些关键性生态因素对种群演化的影响。这就需要在生态学或生态学实验教学环节，引入一种可解决变量众多、反馈关系复杂的生态学问题的简便方法，这种方法就是系统动力学及其计算机模拟仿真实验。

系统动力学（System Dynamics）是美国学者 Jay Wright Forrester 于 1956 年创立的一种研究复杂系统动态行为的方法。它根据信息反馈的控制原理并结合因果关系的逻辑分析，描述系统结构、模拟系统动态行为，尤其适合解决具有复杂动态反馈的系统问题。迄今为止，系统动力学的理论与方法现已广泛应用于工业和经济领域，包括生态和环境等学科的教学和科研工作，如种群离散增长、臭氧损耗和大熊猫种群动态变化等。

借助 Vensim、Stella 或 Powersim 等系统动力学软件，通过细致深入的系统与结构分析，确立变量之间的数学关系式；在此基础上，通过循序渐进的系统模拟、检验与评估过程，深入了解种群数量变化及其动态演化关系，不失为生态学实验教学的一种创新性尝试。正是基于此，本实验将构建一个老虎与山羊之间的捕食关系模型，并通过改变模型初值和相关重要参数，来模拟老虎与山羊之间的种群数量动态变化关系，并以图形或表格形式直观地呈现模拟结果，达到理解生态系统复杂演变过程、激发学习兴趣、培养学生系统思考能力的目的（图 30-1）。

图 30-1　老虎与山羊

30.3　实验条件

通过官网，下载 Vensim、Stella 或 Powersim 软件的试用版本。

30.4　实验步骤

（1）软件安装。

（2）模型系统的结构分析

假设山羊（x）没有天敌的存在，种群数量将按照其自然增长率 r 而增加。但由于老虎（y）对其捕食，导致其种群数量下降，下降量的多少与老虎的数量成正比（系数为 a）。于是得到山羊种群数量变化的微分方程式为：

$$\frac{1}{x} \times \frac{\mathrm{d}x}{\mathrm{d}t} = r - ay \tag{30-1}$$

与此同时，假设老虎没有食物（山羊）的存在，种群数量将由于其自然死亡（系数为 d）而减少。但由于山羊的存在，导致其种群数量下降的趋势得以缓解。山羊对老虎数量减少的贡献与山羊本身的数量成正比（系数为 b），于是得到老虎种群数量变化的微分方程式为：

$$\frac{1}{y} \times \frac{\mathrm{d}y}{\mathrm{d}t} = bx - d \tag{30-2}$$

现在假设这两个微分方程中的一些参数的取值为：$r=1$、$a=0.1$、$b=0.02$、$d=0.5$。同时，系统运行初始，山羊和老虎各自的数量为 $x(0)=25$、$y(0)=2$。

（3）建立系统动态的概念模型

在 Vensim、Stella 或 Powersim 软件界面，利用相应的建模工具，建立如图 30-2 所示的概念模型，并对相应的变量正确赋值。

（4）模型模拟

运行上述模型，将得到山羊和老虎两个种群数量的周期性振荡图形（红线代表山羊，蓝

145

线代表老虎），以及它们之间的动态相图，如图 30-3、图 30-4 所示。

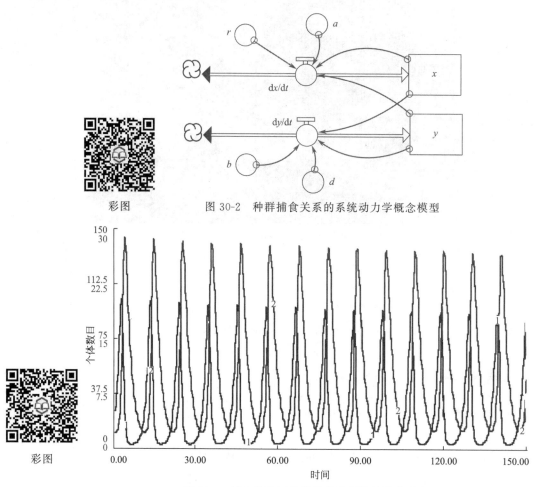

彩图

图 30-2　种群捕食关系的系统动力学概念模型

图 30-3　捕食关系下种群数量的周期性振荡现象

彩图

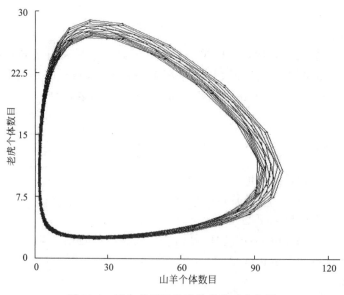

图 30-4　捕食关系下种群数量的动态相图

146

（5）模型的检验与评估

对照上述图形，利用相关文献，对模型的结构或其中的参数进行检验、评估，以进一步调试与验证模型及其参数取值。

（6）重要参数的灵敏性分析

对于模型中的一些关键参数，如 r、a、b、d 以及山羊和老虎的初始数量，各取不同的一组数值，看看参数的不同取值对山羊和老虎的数量变化有什么样的影响，如图 30-5 所示。

二维码30-1　种群捕食关系的系统动力学模拟实验

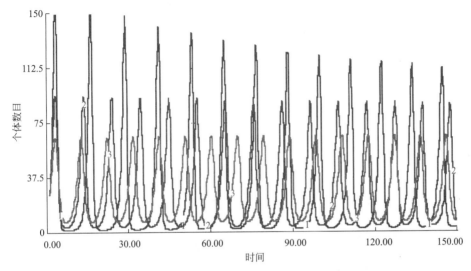

彩图

图 30-5　老虎捕食系数（a）对山羊数量的灵敏性分析

30.5　实验结果与讨论

（1）模型参数 r、a、b 和 d 变化时，对山羊和老虎的种群数量有什么影响？

（2）山羊和老虎的初始种群数量 $[x(0)、y(0)]$，对于种群的演化有什么影响？

（3）你对所构建的反映山羊和老虎捕食关系的模型，有什么看法或改进之处？

参考文献

[1]　Jay Wright Forrester. Industrial Dynamics. Martino Fine Books，1980.

[2]　成洪山，王艳，李韶山，等.系统动力学软件 STELLA 在生态学中的应用.华南师范大学学报（自然科学版），2007，（3）：126-131.

[3]　董越洋，徐波，王鹏，等.一种基于 Stella 和 R 语言的湿地氮素动力学模型.中国环境科学，2020，40（1）：198-205.

[4]　李旭.社会系统动力学：政策研究的原理、方法和应用.上海：复旦大学出版社，2009.

[5]　秦钟，章家恩，骆世明.系统动力学模拟软件在种群生态学中的应用.安徽农业科学，2008，36（26）：11615-11617.

[6]　孙儒泳.动物生态学原理.第 3 版.北京：北京师范大学出版社，2017.

[7]　王其藩.系统动力学（2009 年修订版）.上海：上海财经大学出版社，2009.

[8]　钟永光，贾晓菁，钱颖.系统动力学：前沿与应用.北京：科学出版社，2016.

实验三十一
模拟具有年龄结构的种群增长

31.1 实验目的

（1）了解具有年龄结构的种群（图 31-1）之增长规律；

（2）加深对种群生命表与 Leslie 矩阵的认识；

（3）利用系统动力学软件建立具有年龄结构的种群，模拟不同年龄段的初始种群大小及其生殖力和死亡率对整个种群增长的影响。

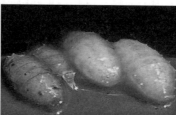

图 31-1　果蝇的幼虫、蛹和成虫形态

31.2 实验原理

任何一个多年生（或者具有多种发育状态）的生物种群（如昆虫），其种群动态与数量大小与处于各个年龄段的个体多寡及其各自的生殖力和死亡率密切相关。由于种群中不同的个体对生存条件的要求和对不良环境的忍受程度各不相同，即使处于相同的环境条件，各年龄段的个体也可表现出不同的发育速率和存活率。所有这一切，最终均可导致种群数量和年龄结构的变化。

显然，了解种群的年龄结构及各龄级个体受环境、食物、气候等因素影响而表现出的不同生殖力和死亡率，对于深入探讨种群的演变趋势及其机制，表征环境条件的变化对种群结构的影响，无疑是非常必要且大有裨益的。对于这种客观规律的认识，既可服务于一些濒危物种的保护，也同样适用于农林害虫的预报与防护。

目前，研究年龄（结构）对于种群的影响通常有两种方式。一种是把年龄看作是连续分布的，从而得到由偏微分方程构成的模型。另一种方式则是把年龄分成若干个龄级来考虑，这种将年龄离散化的方法，最终将得到由代数方程组构成的模型。现着重介绍借助 Leslie 转移矩阵进行种群数量预测的第二种方法。

设备年龄组的生殖力为 $F_i(i=0,1,2,\cdots,m)$；各年龄组的存活率为 $P_i(i=0,1,2,\cdots,$

m）；初始时间（$t=0$）的种群总数为 N_0，各年龄组的数量为 $n_{i,0}(i=0,1,2,\cdots,m)$；经过一个单位时间间隔（$t=\Delta t$）后的种群总数为 N_1，各年龄组的数量为 $n_{i,1}$。则 Leslie 矩阵模型可写成：

$$\begin{bmatrix} F_0 & F_1 & F_2 & \cdots & F_{m-1} & F_m \\ P_0 & 0 & 0 & \cdots & 0 & 0 \\ 0 & P_1 & 0 & \cdots & 0 & 0 \\ 0 & 0 & P_2 & \cdots & 0 & 0 \\ \cdots & \cdots & \cdots & \cdots & \cdots & \cdots \\ 0 & 0 & 0 & \cdots & P_{m-1} & 0 \end{bmatrix} \times \begin{bmatrix} n_{0,0} \\ n_{1,0} \\ n_{2,0} \\ n_{3,0} \\ \cdots \\ n_{m,0} \end{bmatrix} = \begin{bmatrix} n_{0,1} \\ n_{1,1} \\ n_{2,1} \\ n_{3,1} \\ \cdots \\ n_{m,1} \end{bmatrix} \tag{31-1}$$

令转移矩阵为 M，列向量为 N_0 和 N_1，则上式可写为：

$$N_1 = M \times N_0 \tag{31-2}$$

同理，可推导出：

$$N_2 = M \times N_1 = M^2 \times N_0 \tag{31-3}$$

$$N_3 = M \times N_2 = M^3 \times N_0 \tag{31-4}$$

$$\cdots\cdots$$

$$N_t = M \times N_{t-1} = M^t \times N_0 \tag{31-5}$$

从以上各式即可计算可得到，每经过 Δt 之后整个种群以及各年龄组的数量。可见，Leslie 矩阵模型作为研究（尤其是具有年龄结构的）种群数量动态的工具，具有很大的应用价值。

但也应该了解到，该矩阵模型的计算过程要求各年龄组的划分是等距的，而且时间间隔也要求与年龄组的间距一致，由此限制了其在大多数生物种群研究中的应用。例如，昆虫种群若以虫态为年龄组，则因各虫态的历期不同，导致年龄组的间距不会一致。为此，庞雄飞在 J. H. Vandermeer 的基础上，提出了一种新的矩阵形式，可较好地解决以上矛盾（具体可参阅文后相应文献）。

但无论如何，利用课堂时间获取能应用 Leslie 矩阵进行分析的生命表资料是不现实的，再加上上述计算过程（尤其是不等距年龄组生物种群）比较烦琐，因此，利用系统动力学软件来直观描述与模拟具有年龄结构的生物种群之演化不仅有其必要性，而且也具有相当的实用价值。

31.3　实验条件

计算机和相应的系统动力学软件。

31.4　实验步骤

（1）按图 31-2 的样式，利用 STELLA（Structural Thinking Experimental Learning Laboratory with Animation）建立具有年龄结构的某生物种群模型。

说明：将总存活期为 12 个单位时间的该种群以每 3 个时间单位分成四个龄期，分别为龄期 1～3（Age01to03）、龄期 4～6（Age04to06）、龄期 7～9（Age07to09）和龄期 10～12

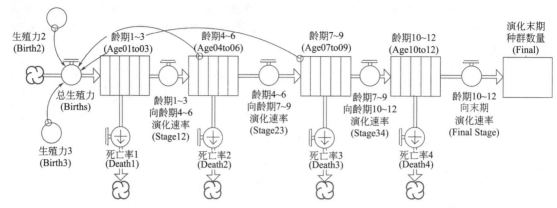

图 31-2　具年龄结构的生物种群模型框图

（Age10to12）。第 2 和第 3 龄期的生殖力分别为生殖力 2（Birth2）和生殖力 3（Birth3）（假设第 1 和第 4 龄期不具生殖能力）。将第 1、2、3 和 4 龄期的存活率转换成死亡率（对于具有年龄结构的生物种群，在系统动力学模型中其死亡率就相当于泄漏率，即模型框图中对应于各个龄期的死亡率 1（Death1）、死亡率 2（Death2）、死亡率 3（Death3）和死亡率（Death4）。种群总的生殖力以 Births 来表示。

（2）对各个模型变量赋值，然后对模型的运行进行设定（积分时限、步长、积分方法等）。详见以下文本形式的模型源文件。

```
Age01to03(t) = Age01to03(t - dt) + (Births - Stage12 - Death1) * dt
    INIT Age01to03 = 1500
    TRANSIT TIME = 3
    INFLOW LIMIT = INF
    CAPACITY = INF
    INFLOWS:
        Births = Birth2*Age04to06+Birth3*Age07to09
    OUTFLOWS:
        Stage12 = CONVEYOR OUTFLOW
        Death1 = LEAKAGE OUTFLOW
            LEAKAGE FRACTION = 0.04
            NO-LEAK ZONE = 0
Age04to06(t) = Age04to06(t - dt) + (Stage12 - Stage23 - Death2) * dt
    INIT Age04to06 = 2000
    TRANSIT TIME = 3
    INFLOW LIMIT = INF
    CAPACITY = INF
    INFLOWS:
        Stage12 = CONVEYOR OUTFLOW
    OUTFLOWS:
        Stage23 = CONVEYOR OUTFLOW
        Death2 = LEAKAGE OUTFLOW
            LEAKAGE FRACTION = 0.01
            NO-LEAK ZONE = 0
Age07to09(t) = Age07to09(t - dt) + (Stage23 - Stage34 - Death3) * dt
    INIT Age07to09 = 2000
    TRANSIT TIME = 3
    INFLOW LIMIT = INF
    CAPACITY = INF
```

```
INFLOWS:
    Stage23 = CONVEYOR OUTFLOW
OUTFLOWS:
    Stage34 = CONVEYOR OUTFLOW
    Death3 = LEAKAGE OUTFLOW
       LEAKAGE FRACTION = 0.05
       NO-LEAK ZONE = 0
Age10to12(t) = Age10to12(t - dt) + (Stage34 - Final_Stage - Death4) * dt
    INIT Age10to12 = 1000
    TRANSIT TIME = 3
    INFLOW LIMIT = INF
    CAPACITY = INF
    INFLOWS:
        Stage34 = CONVEYOR OUTFLOW
    OUTFLOWS:
        Final_Stage = CONVEYOR OUTFLOW
        Death4 = LEAKAGE OUTFLOW
           LEAKAGE FRACTION = 0.1
           NO-LEAK ZONE = 0
Final(t) = Final(t - dt) + (Final_Stage) * dt
    INIT Final = 400
    INFLOWS:
        Final_Stage = CONVEYOR OUTFLOW
Birth2 = 0.05
Birth3 = 0.04
```

二维码31-1　具有
年龄结构的种群
增长模拟实验

（3）运行模型，以图形和表格形式呈现各个年龄组和整个种群的数量变化。

31.5　问题与讨论

（1）现有一种生物，其存活期为 15 天。以 5 天为单位将其划分为 3 个年龄组。第 1、2、3 年龄组的生殖力依次为 0、25、12，第 1 年龄组的存活率为 0.2，第 2 年龄组的存活率为 0.4。调查当天各年龄组的数量依次为 40、5、10。请用 Leslie 矩阵模型计算经 5 天、10 天、15 天后各年龄组的数量。

（2）请用系统动力学软件构建上述模型，并计算经 5 天、10 天、15 天后各年龄组的数量。

（3）比较 Leslie 矩阵计算和系统动力学软件运行的结果，总结两者在计算或运行设置方面需要注意的地方。

（4）改变各个年龄组的初始数量、生殖力和死亡率，甚至将生殖力和死亡率与环境温度、食物资源等进行关联，以使其更符合实际情况，然后考察这些变量对各年龄组数量演化的影响。

（5）试构建一个不等距年龄组生物种群的系统动力学模型，并模拟运行之。

参考文献

[1]　France J，Thornley J H M. Mathematical Models in Agriculture. London：Butterworth，1984.

［2］ Vladlena V Gertseva，Schindler J E，Vladimir I Gertsev，et al. A Simulation Model of the Dynamics of Aquatic Macroinvertebrate Communities. Ecological Modelling，2004，176（1-2）：173-186.

［3］ Vandermeer J H. On the Construction of the Population Projection Matrix for a Population Grouped in Unequal Stage. Biomatrics，1975，31：239-242.

［4］ 成洪山，王艳，李韶山，等.系统动力学软件 STELLA 在生态学中的应用.华南师范大学学报（自然科学版），2007，（3）：126-131.

［5］ 姜汉侨，段昌群，杨树华，等.植物生态学.北京：高等教育出版社，2004.

［6］ 江洪.云杉种群生态学.北京：中国林业出版社，1992.

［7］ France J，Thornley J H M.农业中的数学模型：农业及与之有关科学若干问题的数量研究.金之庆，高亮之，译.北京：农业出版社，1991.

［8］ 刘荣堂.草原野生动物学.北京：中国农业出版社，1997.

［9］ 陆建身.动物的生态对策.上海：上海科技教育出版社，1989.

［10］ 马知恩.种群生态学的数学建模与研究.合肥：安徽教育出版社，1996.

［11］ 庞雄飞，卢一舞，王野岸.种群矩阵模型在昆虫生态学研究上的应用问题.华南农学院学报，1980，1（3）：27-37.

［12］ 单飞，黄万阳，郑永冰，等.线性代数.大连：东北财经大学出版社，2002.

［13］ 沈佐锐.昆虫生态学及害虫防治的生态学原理.北京：中国农业大学出版社，2009.

［14］ 陶在朴.系统动态学：直击《第五项修炼》奥秘.北京：中国税务出版社，2005.

［15］ 王伯荪.植物种群学.北京：高等教育出版社，1995.

［16］ 王金福，丁丰.瓜螟实验种群的年龄特征和年龄结构.浙江农业学报，1989，1（2）：66-71.

［17］ 吴千红，邵则信，苏德明.昆虫生态学实验.上海：复旦大学出版社，1991.

［18］ 邬学军，周凯，宋军全.数学建模竞赛辅导教程.杭州：浙江大学出版社，2009.

［19］ 夏武平，胡锦矗.由大熊猫的年龄结构看其种群发展趋势.兽类学报，1989，9（2）：87-93.

［20］ 杨桂元，李天胜，徐军.数学模型应用实例.合肥：合肥工业大学出版社，2007.

［21］ 余世孝.数学生态学导论.北京：科学技术文献出版社，1995.

［22］ 张炳根.生态学数学模型.青岛：青岛海洋大学出版社，1990.

［23］ 郑汉业，夏乃斌.森林昆虫生态学.北京：中国林业出版社，1995.

［24］ 郑师章，吴千红，汪海波，等.普通生态学：原理、方法和应用.上海：复旦大学出版社，1994.

实验三十二
水土流失的计算机模拟

32.1 实验目的

（1）了解通用土壤流失公式及其参数的物理含义；

（2）掌握使用 STELLA 建立土壤流失模型模拟土壤侵蚀过程的方法；

（3）分析引起土壤侵蚀的关键因子。

32.2 实验原理

土壤侵蚀是指土壤或成土母质在外力（水、风）作用下被破坏剥蚀、搬运和沉积的过程。土壤侵蚀过程往往伴随着水分流失，若不及时控制这一互为因果的水土流失过程在某一地区的发展趋势，它将引起或加剧淤积、干旱、洪涝等自然灾害，进而导致土地生产力下降，严重地威胁着所在地区的生存和发展（图 32-1）。

图 32-1　典型的水土流失景象

如今，土壤侵蚀和水土流失已成为当今世界普遍关注的重大环境问题之一。为做好水土保持工作，有效减少土壤流失，美国"国家径流及土壤流失资料中心"（National Runoff and Soil Loss Data Center）于 20 世纪 40—50 年代提出了用于定量预报农地或草地坡面土壤流失量的一个经验性预报模型，又称"通用土壤流失方程"（Universal Soil Loss Equation，USLE）。这个由一系列变量相乘的方程其基本形式为：

$$A = R \times K \times L \times S \times C \times P \qquad (32\text{-}1)$$

式中，A 为单位面积土地每年的土壤流失量，主要指降雨及其径流使坡面上出现细沟或细沟间侵蚀所形成的多年平均土壤流失量，t/（acre·a）；R 为降雨及径流因子（Rainfall-Runoff

Factor），用多年平均年降雨侵蚀力指数表示；K 为土壤可侵蚀性因子（Soil Erodibility Factor）；L 为坡长因子（边坡长度与标准长度之比值）；S 为坡度因子（边坡坡度与标准坡度之比值），有时把两者（即 $L \times S$）合称为地形因子（Topological Factor）；C 为植被与作物管理因子（Cover-Management Factor）；P 为土壤保持措施因子（Supporting Practices Factor）。

通用土壤流失方程可以帮助人们认识与估算不同的自然条件、农业活动强度和水土保持力度下的土壤流失量，从而为相关决策者制定可行的土地利用政策，以为尽可能减少土壤流失提供参考。该方程结构简单，所需输入数据量少，计算结果可满足一般精度下的土壤侵蚀预测要求，所以在水土保持等环境领域得到了较为广泛的应用，并衍生出许多借助其他软件平台的利用形式，如基于栅格建模和叠置分析功能的 ArcGIS 土壤流失模拟与预测等。

本实验将利用 STELLA 这一界面友好、功能强大的系统动力学软件平台，考察通用土壤流失方程中的一些关键因素对土壤流失过程的影响，同时也借此了解和挖掘其在描述复杂生态系统过程及其动态变化与调节方面的强大能力。

32.3　实验步骤

32.3.1　模型建立与参数设置

模型如图 32-2 所示。

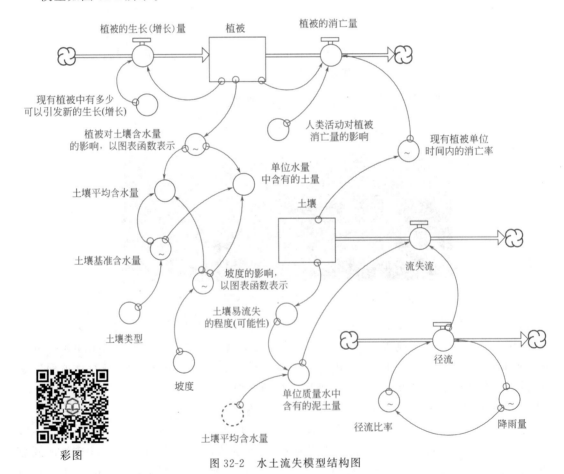

彩图

图 32-2　水土流失模型结构图

模型设计了两个存量，一个是土壤（Soil），另一个是植被（Vegetation）。土壤有一个流失流（Erosion），它实际上是径流（Runoff）的协同流，而径流因降雨（Rainfall）引起，雨降于土壤表层时，一部分雨量被土壤直接吸收，其余的成为径流。如果雨量小，土壤几乎可以完全吸收；而雨量大时，土壤饱和，未被吸收的雨水成了径流。径流产生的比率（Runoff Fraction）根据一般土壤的吸水能力而设计（假定土壤坡度为20°，并将土壤分成了10级）。

　　模型中图表函数及其他模型变量的取值，可参考以下文本形式的源文件。

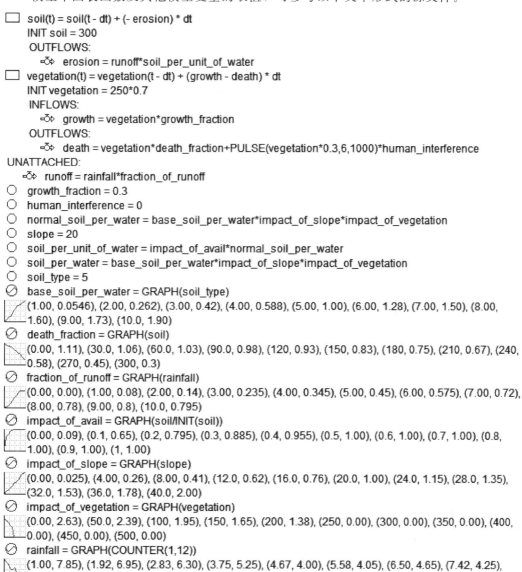

□ soil(t) = soil(t - dt) + (- erosion) * dt
　　INIT soil = 300
　　OUTFLOWS:
　　　　⌀ erosion = runoff*soil_per_unit_of_water
□ vegetation(t) = vegetation(t - dt) + (growth - death) * dt
　　INIT vegetation = 250*0.7
　　INFLOWS:
　　　　⌀ growth = vegetation*growth_fraction
　　OUTFLOWS:
　　　　⌀ death = vegetation*death_fraction+PULSE(vegetation*0.3,6,1000)*human_interference
UNATTACHED:
　　⌀ runoff = rainfall*fraction_of_runoff
○ growth_fraction = 0.3
○ human_interference = 0
○ normal_soil_per_water = base_soil_per_water*impact_of_slope*impact_of_vegetation
○ slope = 20
○ soil_per_unit_of_water = impact_of_avail*normal_soil_per_water
○ soil_per_water = base_soil_per_water*impact_of_slope*impact_of_vegetation
○ soil_type = 5
⊘ base_soil_per_water = GRAPH(soil_type)
(1.00, 0.0546), (2.00, 0.262), (3.00, 0.42), (4.00, 0.588), (5.00, 1.00), (6.00, 1.28), (7.00, 1.50), (8.00, 1.60), (9.00, 1.73), (10.0, 1.90)
⊘ death_fraction = GRAPH(soil)
(0.00, 1.11), (30.0, 1.06), (60.0, 1.03), (90.0, 0.98), (120, 0.93), (150, 0.83), (180, 0.75), (210, 0.67), (240, 0.58), (270, 0.45), (300, 0.3)
⊘ fraction_of_runoff = GRAPH(rainfall)
(0.00, 0.00), (1.00, 0.08), (2.00, 0.14), (3.00, 0.235), (4.00, 0.345), (5.00, 0.45), (6.00, 0.575), (7.00, 0.72), (8.00, 0.78), (9.00, 0.8), (10.0, 0.795)
⊘ impact_of_avail = GRAPH(soil/INIT(soil))
(0.00, 0.09), (0.1, 0.65), (0.2, 0.795), (0.3, 0.885), (0.4, 0.955), (0.5, 1.00), (0.6, 1.00), (0.7, 1.00), (0.8, 1.00), (0.9, 1.00), (1, 1.00)
⊘ impact_of_slope = GRAPH(slope)
(0.00, 0.025), (4.00, 0.26), (8.00, 0.41), (12.0, 0.62), (16.0, 0.76), (20.0, 1.00), (24.0, 1.15), (28.0, 1.35), (32.0, 1.53), (36.0, 1.78), (40.0, 2.00)
⊘ impact_of_vegetation = GRAPH(vegetation)
(0.00, 2.63), (50.0, 2.39), (100, 1.95), (150, 1.65), (200, 1.38), (250, 0.00), (300, 0.00), (350, 0.00), (400, 0.00), (450, 0.00), (500, 0.00)
⊘ rainfall = GRAPH(COUNTER(1,12))
(1.00, 7.85), (1.92, 6.95), (2.83, 6.30), (3.75, 5.25), (4.67, 4.00), (5.58, 4.05), (6.50, 4.65), (7.42, 4.25), (8.33, 1.30), (9.25, 2.05), (10.2, 0.85), (11.1, 1.90), (12.0, 1.90)

32.3.2　模型运行与调试

　　主要围绕土壤表面的植被系统之变化，以及其他相关因子对土壤流失的影响，展开模拟运行与分析（图 32-3）。

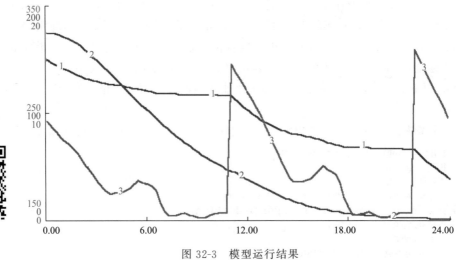

图 32-3　模型运行结果

1—土壤；2—植被；3—流失流

彩图

32.4　问题与讨论

（1）水土流失的主要原因是什么？其对环境的影响表现在哪些方面？

（2）模型中以图表形式表示的变量如何影响水土流失？请概要说明之。

（3）人类活动对水土流失的影响如何？请用相应的模型变量简要讨论一下。

参考文献

[1]　Ying Ouyang, Jia En Zhang, Dian Lin, et al. A Stella Model for the Estimation of Atrazine Runoff, Leaching, Adsorption, and Degradation from an Agricultural Land. Journal of Soils and Sediments, 2010, 10 (2)：263-271.

[2]　成洪山，王艳，李韶山，等.系统动力学软件 STELLA 在生态学中的应用.华南师范大学学报（自然科学版），2007，(3)：126-131.

[3]　杜子涛，颜树强，杨小明，等.系统动力学软件 STELLA 在荒漠化模拟中的应用.安徽农业科学，2013，41 (10)：4668-4670.

[4]　李旭.社会系统动力学：政策研究的原理、方法和应用.上海：复旦大学出版社，2009.

[5]　陶在朴.系统动态学：直击《第五项修炼》奥秘.北京：中国税务出版社，2005.

[6]　钟永光，贾晓菁，钱颖.系统动力学：前沿与应用.北京：科学出版社，2016.

实验三十三
生态位宽度与生态位重叠的测定与计算

33.1 实验目的

(1) 掌握生态位、生态位宽度、生态位重叠的概念；

(2) 初步了解生态位理论及其应用领域；

(3) 了解生态位宽度指数和生态位重叠指数的计算公式；

(4) 掌握生态位测度的软件计算方法以及结果解读。

33.2 实验原理

33.2.1 生态位概念

生态位（Ecological Niche），又称生态龛，是指种群在生物群落或生态系统中的地位和角色（Patten，1980；Otso Ovaskainen，2016；Matthew A Leibold，1995，2006）。在自然生态系统中，生态位是指种群在时间、空间上所占据的位置及其与相关物种之间的功能关系与作用，它表示生态系统中每种生物生存所必需的生境最小阈值，常与资源利用谱（Resources Utilization Spectra，被一个生物所利用的各种不同资源的总和）概念等同（Jonathan，2003）。在没有任何竞争或其他敌害情况下，被利用的整组资源称为"原始"生态位（Fundamental Niche）；而因种间竞争，一种生物不可能利用其全部原始生态位，所占据的只是现实生态位（Realized Niche）。两个拥有相似功能生态位，但分布于不同地理区域的生物，在一定程度上可称为生态等值生物。

从生态位理论产生及发展的历史脉络中可以看出，对生态位的诠释最具有代表性的当推Grinnell（1917）、Elton（1927）和Hutchinson（1957，1978）三人，后人分别称他们的生态位概念为"空间生态位"（Spatial Niche）、"功能生态位"（Function Niche）和"多维超体积生态位"（n-Dimensional Hypervolume Niche）。

生态位的概念虽然起源于生态科学，但由于物种多样性、物种竞争、群落结构和功能及演替与种群进化、群落物种积聚原理等都以生态位理论为基础，因此其学科内涵已被广泛拓展并应用在社会和经济生活的各个方面，如旅游生态位、战略生态位、技术生态位、企业生态位等，但一般文献中最常见的概念与用法仍是"生态位宽度"（Niche Breadth）和"生态位重叠"（Niche Overlap）。

33.2.2 生态位宽度

生态位宽度或广度，是指一个种群（或其他生物单位）在一个群落中所利用的各种不同

157

资源的总和。在可利用的资源量较少的情况下，生态位宽度一般倾向于增加，以使种群得到足够的资源；而在可利用的资源量较为丰富的环境中，则可导致选择性利用资源现象（如选择性采食等）的产生，由此使得生态位宽度变窄（David，2016；John Vandermeer，2011；Alan Hastings，2012；Sven Erik Jørgensen，2008；May，2007）（图 33-1）。一个物种的生态位越宽，该物种的特化程度就越小，也就是说它更倾向于发展成为一个泛化种；反之，一个物种的生态位越窄，该物种的特化程度就越强，即它更倾向成为一个特化种。泛化种，生态位宽，具有较强的竞争能力，尤其是在可利用的资源量非常有限的情况下更是如此；而特化种其生态位窄，在资源竞争中往往容易处于劣势（Jonathan Roughgarden，1972）。

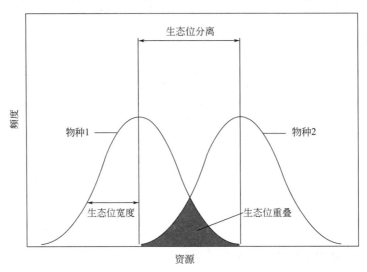

图 33-1　生态位宽度（仿 David，2016）

33. 2. 3　生态位重叠与竞争

当两个或两个以上生态位相似的物种利用同一资源或共同占有某一资源因素（食物、营养成分、空间等）时，就会出现生态位重叠现象（Niche Overlap）（May，1972，1974；Miller，2008；David，2016；Charles，2014）。在这种情况下，就会有一部分空间为两个生态位所共占。假如两个物种具有完全一样的生态位，就叫完全重叠（Complete Overlap）。但多数情况下，生态位之间只会发生部分重叠，即一部分资源是被共同利用的，而其他部分则是被各自所占据（Paul，1984）。Hutchinson（1957）认为生态位重叠是两个种间发生竞争的前提条件。他假设环境若已充分饱和，且种群不能忍受任何一段时间的生态位重叠，那么此时在任何两个生态位重叠的部分都必然引发竞争排斥作用（Competitive Exclusion），这种由生态位重叠引起的竞争常被称为"资源利用性竞争"（Exploitation Competition）。但实际上生态位重叠并不一定能导致竞争，除非共用资源供应不足（May，1981）。

现以三个共存物种的资源利用曲线展示生态位重叠（图 33-2）。图中，d 表示曲线峰值间的距离，w 表示曲线的标准差。左图表示各物种的生态位狭窄，相互重叠少，$d > w$，物种之间的种间竞争小。右图表示各物种的生态位宽，相互重叠多，$d < w$，物种之间的种间竞争大。

33. 2. 4　生态位理论的应用

随着科学研究以及人们认识的不断深入，生态位理论现已在许多实际领域得到了广泛的

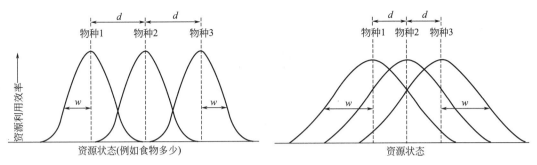

图 33-2　生态位重叠（仿 Michael Begon，2021）

应用与发展。

（1）植物种群种内或种间竞争中的应用

在植物种群和群落生态研究过程中，生态位是一个重要的理论课题。其中，生态位宽度可作为杂草对环境资源利用的多样性的一种测度，而生态位重叠则可用作植物种间生态学相似性的测定。通过计测不同杂草间的实际生态位的重叠值，能明确不同杂草对生态条件要求的相似性程度；而基于杂草对除草剂敏感性的资料，可预测一定种类的除草剂长期单一使用后杂草群落的演替方向。这方面的研究可为合理使用除草剂提供指导。

（2）植物病害研究中应用

按照生态位理论，生态位研究的对象是包括微生物在内的各种生物及各种生命层次的生态元（个体、种群、群落、生态系统）。因此，生态位理论应该也可以适用于植物病害系统中病原微生物生态的研究。王子迎（2000）分析了植物病害系统中病原微生物的功能作用之特殊性，并在此基础上结合生态位的本质含义提出"病原物在该植物病害系统中的生态位"概念，即"在一定的植物病害系统中，某种病原物在其病害循环的每个时段上的全部生态学过程中所具有的功能地位"，并进一步提出植物病害病原微生物生态位功能效率的测度方法，并以其作为侵染效率指标。在此基础上，依据生态位的多维超体积模型，运用多维逼近和动态分析策略，以测度病原微生物的生态位，并列举了对病原微生物生态位构造比较重要的资源维。

（3）森林资源评价和珍稀动植物保护中的应用

生态位由于能够量化种间关系、物种与环境之间的相互关系，故此在研究生物多样性保护及濒危物种评价方面有着较高的应用价值。魏文超等（2004）对三江源自然保护区内澜沧江上游物种进行了调查研究，以不同群落类型和海拔高度作为资源维，分别以物种重要值和个体多度作为生态位计测的状态指标，对澜沧江上游桃儿七、星叶草、角盘兰及选取的几种对照草本植物进行生态位的计测和分析。结果表明：桃儿七、星叶草、角盘兰生态位宽度值小，充分显示了它们的稀有性，因此在该地区应优先保护。马友平（2000）则对森林生长的五个空间因子：海拔、坡度、坡向、坡位、土层厚度进行调查统计，计算出在各空间因子上的生态位宽度、权重以及平均权重，并以此来分析和评价森林资源。

（4）旅游生态位及其应用

旅游生态位研究是生态位理论在旅游业中的延伸和应用，强调旅游生态单元在生态系统中的空间位置、角色和作用。詹雪（2020）梳理了近20年国内旅游生态位研究成果，发现基于生态位理论的旅游研究主要分为两个方向，一是旅游生态位理论研究，二是旅游生态位应用研究。理论研究主要包括旅游生态位概念、旅游资源生态位概念、旅游地的相互关系和旅游生态位态势理论等；应用研究则主要包括旅游生态位测量研究、区域旅游竞合研究、旅游空间结构分析等。文章认为，若能加强旅游生态位及其应用研究，可为区域旅游的可持续发展、乡村旅游扶贫建设、城市旅游规划等提供重要依据。

（5）技术生态位及其应用

技术生态位概念来源于生态位，是衍生自生态学理论应用于产业系统过程、通过对技术能力演化进行全新阐述和解释而构建起来的。Eber M 和 Hoogma R（2002）认为，技术形成于一个受保护的空间，在这个空间即技术生态位内所有的技术发明只要不进入主流市场，都可以大胆地尝试并得到发展。技术生态位是新生代技术"最原始的市场"，因为对新生代技术开放的市场根本不存在，特别是在一个完全不明朗的市场环境下。而技术生态位此时则为新生代技术扮演着"最原始的市场"这一角色，直到市场环境下对新生代技术的供求关系明朗为止。Johan Schot（2008）认为，技术生态位能否存在关键在于人们对其中技术的认同，在于是否坚信所孕育的技术是未来占领市场的核心技术，孕育的重大发明会引起市场的剧烈变动甚至颠覆传统市场而推进社会的进步。张光宇（2011）和罗嘉文（2013）分类归纳了近年来技术生态位理论在国内、国外的发展历程后发现，国外学者对技术生态位研究经历二十多年的探索已渐成体系；而国内学者对技术生态位的研究比较零散，多数沿袭生态位理论研究成果，从技术生态位角度研究技术能力演化路径的还不多，同时对技术生态位理论的整体框架研究明显滞后于国外。由此，他们认为，国内学者应该加强技术生态位的理论研究，以进一步丰富现有技术生态位的理论体系框架，并为技术生态位理论的未来应用打下基础。

33.2.5 生态位的测度

以下测度模型方程主要来自参考文献张金屯、唐启义和马寨璞。读者还可参考田大伦（2007）和覃林（2009）等的著作。

（1）生态位宽度指数模型

① Levins（1968）指数

$$B_i = \frac{1}{\sum_{j=1}^{r} P_{ij}^2} \tag{33-1}$$

式中，B_i 为物种 i 的生态位宽度，取值范围 $1 \sim r$；P_{ij} 为资源占比数，等于物种 i 在第 j 个资源状态下的个体数与该物种在所有资源状态下的个体总数（N）之比，$P_{ij} = n_{ij} / \sum_{j=1}^{r} n_{ij}$；$r$ 为可能的资源状态总数。因此，该公式实际上是 Simpson（1949）多样性指数的倒数。

修订版的 Levins 指数（B_i'）如式（33-2）所示，其取值范围为 $0 \sim 1$。

$$B_i' = \frac{1}{r \sum_{j=1}^{r} P_{ij}^2} \tag{33-2}$$

② Simpson 指数

$$B_i = \sum_{j-1}^{r} \frac{n_{ij}(n_{ij}-1)}{N_i(N_i-1)} \tag{33-3}$$

式中，n_{ij} 为物种 i 在第 j 个资源轴的个体数；N_i 为物种 i 在 r 个资源轴的个体总数。该指数反映了从物种 i 中随机抽取两个个体占有同一个资源的概率。B_i 越小，反映物种 i 对资源的利用越多样，生态位越宽。

③ 信息指数（Shannon-Wiener 信息指数）

$$B_i = -\sum_{j=1}^{r} (P_{ij} \ln P_{ij}) \tag{33-4}$$

该指数是以 Shannon-Wiener 信息公式为基础的。

Levins 指数和 Shannon-Wiener 信息指数的值越大，说明生态位越宽。当某个物种的个体以相等的数目利用每一资源状态时，B_i 达到最大，即该物种此时具有最宽的生态位；当物种 i 的所有个体都集中在某一个资源状态下时，B_i 最小，此时该物种具有最窄的生态位。

DPS 软件给出了以均匀度（J'）测度的生态位宽度指数，它实际上是源于 Shannon-Wiener 指数：

$$J' = B_i / \ln n \tag{33-5}$$

④ Smith 指数

Smith(1982) 认为适宜的生态位宽度测度方法，应该既考虑到资源可及性的分布和种群对资源的实际利用之分布，还应该便于准确估计测度方法的方差以及置信区间。为此，他提出一个可很好地满足 Freeman-Tukey 残差检验的测度方法，并以 FT 命名（取值范围 0～1）。

$$\text{FT} = \sum_{j=1}^{r} \sqrt{p_{ij} a_j} \tag{33-6}$$

式中，a_j 为资源 j 可利用的项目数（$\sum a_j = 1$）。如果样本量较大，可估计 FT 的 95% 置信区间（具体请参考相应文献）。

Smith 指数与下面的 Hurlbert 指数类似，但它考虑了资源的可利用性，而后者由于对稀有资源给予了较多权重，所以对稀有资源非常敏感，故此，Smith 指数被认为是一个比较好的生态位宽度指数。这或许是唐启义的书及其所开发的计算软件 DPS 中，仍将 Smith 生态位宽度指数以字母 FT 来指代的原因。不过，在一般的文献中，仍以式(33-7) 来表示 Smith 指数：

$$B_i = \sum_{j=1}^{r} \sqrt{P_{ij} a_j} \tag{33-7}$$

一般认为，Smith 指数对实验数据更为有用，因为实验设计中资源量可被准确量化。

⑤ 资源利用频数

最简单的一种测定物种生态位宽度的方法是计测某一量值之上的资源利用频率（Krebs，1999），或者叫常用资源的利用次数。这一量值的确定是人为的。在样方调查资料中，就是含该物种多少个体以上（量值）样方数，其确实反映了物种生态位的宽度。资源利用频数与其他生态位宽度指数有着密切关系。

⑥ Hurlbert 指数

Hurlbert(1978) 提出的生态位宽度指数方程式为：

$$B_i = \frac{1}{\sum_{j=1}^{r} (P_{ij}^2 / a_j)} \tag{33-8}$$

式中，P_{ij} 为利用资源 j 的个体的比例。

可通过式(33-9) 求得标准化的 Hurlbert 生态位宽度指数 B_A（$0 \leqslant B_A \leqslant 1$）：

$$B_A = \frac{B_i - a_{\min}}{1 - a_{\min}} \tag{33-9}$$

式中，$a_{\min}$ 为 a_j 中的最小者。

当每个资源状态同等丰富时，$a_j = 1/r$，此时 $B_A = B_i$。Levins 生态位宽度与 Hurlbert 生态位宽度的方差为（N 为总个体数）：

$$\text{Var}(B_i) = 4 B_i^4 \left[\sum_{j=1}^{r} P_{ij}^3 / a_j^3 - (1/B_i)^2 \right] / N \tag{33-10}$$

⑦ Feinsinger 指数

Feinsinger(1981) 把生态位宽度定义为一个种群利用资源的概率分布与可利用资源的概率分布之间的相似程度，并建议使用下面的百分比相似性（Percentage Similarity，PS）测量作为物种 i 的生态位宽度（取值范围 0～1）。

$$PS = \sum_{j=1}^{r} \min(p_{ij}, q_{ij}) = 1 - \frac{1}{2} \sum_{j=1}^{r} |p_{ij} - q_{ij}| \qquad (33\text{-}11)$$

式中，q_{ij} 为物种 i 可利用的资源状态 j 占整个可利用资源的比例。PS 随资源谱的变化而变化，因此两个物种不仅可在同一时间比较，也可在同一资源随时间变化比较两个物种的生态位宽度的不同反应。但它不适合资源可利用性方面的研究。Feinsinger 指数曾被用于计测生态位重叠及群落的相似性。

除上述生态位指数外，文献中还有许多其他形式的指数，如 Schoener 指数、Golwell & Futuyma 指数、Petraitis 指数、Pielou 指数、余世孝指数、王刚指数和多维生态位宽度指数等，但都由于存在数学形式复杂、计算烦琐、缺乏明确而恰当的生物学解释等不足之处而应用不多，详情可参见相关文献。

（2）生态位重叠指数模型

① Levins 重叠指数

Levins（1968）创建的生态位重叠指数模型为：

$$O_{ik} = \sum_{j=1}^{r} (P_{ij}P_{kj}) \Big/ \sum_{j=1}^{r} P_{ij}^2 \qquad (33\text{-}12)$$

式中，O_{ik} 为物种 i 的资源利用曲线与物种 k 的资源利用曲线的重叠程度。从式(33-12)的分母可以看出，该指数实际上与物种 i 的生态位宽度有关，且 O_{ik} 和 O_{ki} 不同。当物种 i 和物种 k 在所有资源状态中的分布完全相同时，O_{ik} 最大，其值为 1，表明物种 i 与物种 k 生态位完全重叠。相反，当两个物种不具有共同资源状态时，它们的生态位完全不重叠，$O_{ik}=0$。

② Schoener 重叠指数

Schoener（1974）创建的生态位重叠指数乃是以相似百分率为基础的，同时，$0 \leqslant O_{ik} \leqslant 1$。

$$O_{ik} = 1 - 0.5 \sum_{j=1}^{r} P_{ij} - P_{kj} \qquad (33\text{-}13)$$

③ Hurlbert 重叠指数

因为考虑到了每一个资源状态量值的相对大小，Hurlbert（1978）又把它称为资源的相对多度。其实 Hurlbert 重叠指数乃是对 Levins 指数做了相应修订后推导出来的：

$$O_{ik} = \sum_{j=1}^{r} (P_{ij}P_{kj}) / C_j \qquad (33\text{-}14)$$

其中，C_j 为第 j 个资源状态的相对多度（量值）。Hurlbert（1982）指出，两个物种按相同比例利用每一资源状态时，重叠指数最大，此时其值等于 1。

④ Petraitis 特定重叠指数

Petraitis（1979）创立的特定重叠指数为：

$$O_{ik} = e^{E_{ik}} \qquad (33\text{-}15)$$

其中，$E_{ik} = \sum_{j=1}^{r} (P_{ij}\ln P_{kj}) - \sum_{j=1}^{r} (P_{ij}\ln P_{ij})$。可以看出，方程右端的基础是信息公式。从式(33-15)中可以看出，Petraitis 特定重叠指数要求两个物种 i 和 k 在每一资源状态中都要出现，因为如果一个物种对某一资源状态的利用为 0，即 $P_{ij}=0$，则公式没有意义。

Petraitis 指数的值介于 0～1，且具有良好的统计学特征，能够对结果进行显著性检验，以检验测定结果是否具有统计学意义、增强结果的理论说服力。虽然该指数对野外数据的适合程度较低，但在实验研究中效果较好。

值得注意的是，除以上 Petraitis 特定重叠指数外，还有 Petraitis 普通重叠指数，即后面的多种群生态位重叠指数。

⑤ Pianka 重叠指数

MacArthus 和 Levins 于 1967 年提出了以下公式：

$$O_{ij} = \sum\nolimits_{j=1}^{r} (P_{ij} P_{kj}) / \sum\nolimits_{j=1}^{r} P_{ij}^2 \tag{33-16}$$

式中，O_{ij} 为种类 j 对种类 i 的生态位重叠；P_{ij} 和 P_{kj} 为由种类 j 或种类 i 所利用的整个资源中第 i 种资源所占比例；r 为资源状态总数。

由于 MacArthus-Levins 生态位重叠指数不对称，于是 Pianka（1973）对它进行了修正，就有了 Pianka 重叠指数（其值介于 0～1）。

$$O_{ik} = \sum\nolimits_{j=1}^{r} (P_{ij} P_{kj}) / \sqrt{\sum\nolimits_{j=1}^{r} P_{ij}^2 \sum\nolimits_{j=1}^{r} P_{kj}^2} \tag{33-17}$$

⑥ 百分比重叠指数

$$O_{ik} = \left[\sum\nolimits_{j=1}^{r} \min(P_{ij}, P_{kj}) \right] \times 100 \tag{33-18}$$

百分比重叠（Percentage Overlap）是最简单的生态位重叠计测方法，且便于解释，因为它实际上测定的是两个物种资源利用曲线重叠的面积。这一指数经 Schoener 使用，并命名为 Schoener 指数，但实际上它是源于 1938 年 Renkonen 的工作，故有人也称其为 Renkonen 指数。

⑦ Morisite 重叠指数

$$O_{ik} = \frac{2 \sum\nolimits_{j=1}^{r} (P_{ij} P_{kj})}{\sum\nolimits_{j=1}^{r} P_{ij} \left[(n_{ij}-1)/(N_{i+}-1) \right] + \sum\nolimits_{j=1}^{r} P_{kj} \left[(n_{kj}-1)/(N_{k+}-1) \right]} \tag{33-19}$$

Morisite（1959）创立的这一指数一般只用于密度或多度数据，即用个体数作为指标。如果是其他类型的数据，可以选用下面简化的 Morisita 指数。

⑧ 简化的 Morisita 指数

这一指数是 Horn（1966）年提出的，故也称 Morisita-Horn 指数。

$$O_{ik} = \frac{2 \sum\nolimits_{j=1}^{r} (P_{ij} P_{kj})}{\sum\nolimits_{j=1}^{r} P_{ij}^2 + \sum\nolimits_{j=1}^{r} P_{kj}^2} \tag{33-20}$$

这一指数与 Levins 指数和 Pianka 指数较为接近。经过比较研究，Linton 等（2005）认为这一指数比 Pianka 指数精度高，故此他们推荐使用该指数。

⑨ Horn 重叠指数

$$O_{ik} = \frac{\sum\nolimits_{j=1}^{r} (P_{ij} + P_{kj}) \lg(P_{ij} + P_{kj}) - \sum\nolimits_{j=1}^{r} P_{ij} \lg P_{ij} - \sum\nolimits_{j=1}^{r} P_{kj} \lg P_{kj}}{2\lg 2} \tag{33-21}$$

Horn（1966）创立的该指数也是基于信息理论之上的，对数可以用常用对数、自然对数或其他对数。

除此之外，文献中报道的还有王刚重叠指数、Petraitis 多种群生态位重叠指数、Pappas & Stoermer 种间多元生态位重叠指数、似然法指数、概率比法指数、种间缀块指数、方向性重叠指数以及积-矩相关系数等生态位重叠指数等，以及 Yu & Orloci 生态位分离指数等。

总之，有关生态位宽度、生态位重叠以及生态位分离的计测方法多种多样，但在实际应用过程中，只有那些计算相对简单、生态学意义明确的方法和指数才能被广泛使用。迄今为止，基于单一资源轴的生态位计测指数尚属多数。未来随着多元统计分析方法乃至人工智能的发展，将会带来多维生态位计测方法和技术的不断创新与完善。

33.3 实验条件

（1）Windows XP 以上计算机。

（2）软件

① DPS

下载并安装试用版，即可。

② R 及 spaa 包

在 R 官网下载 R 程序后，再安装 spaa 程序。安装方法为：在 R 界面输入命令 install.packages("spaa")，选择一个镜像，程序包会自动下载并安装好。使用的时候，利用命令 library(spaa) 载入即可。具体可参见张金龙的博客和微信，以及"科白君的土壤世界"的微信。

③ EcoMeth 7.4

在对应网站下载后，安装即可使用。此程序专为运行 Krebs 所著 *Ecological Methodology* 一书中的程序而开发，包括但不限于生态位宽度指数和生态位重叠指数的计算。

④ Matlab

见马寨璞（2020）所著《实用数量生态学》第四章的 niche 函数、WangOverlap 函数和 nobp 函数（适于 Matlab 2017b 和 Matlab 2018b 版本）。

33.4 实验内容与步骤

（1）根据实验需要，选定物种和资源。

（2）设定 n 种资源状态，每种资源状态可以是数值或区间。同时，设定 m 个物种。

（3）测定物种 i 在资源状态 j 下的数量 x_{ij}，$i=1,2,\cdots,m$，$j=1,2,\cdots,n$，结果得到一个称为资源矩阵的表格。资源状态定义的方式很多，例如：

① 食物资源。不同种类的食物，不同食物的数量等。

② 生境资源。生物学上或物理化学（温度、湿度、pH……）上定义的一系列状态。

③ 抽样单位。一组自然的或人为的抽样单位。

（4）计算各种生态位宽度指数和/或生态位重叠指数。

下面以一个例子说明。假设经过采样，得到如表 33-1、表 33-2 所示的群落表格数据，其每一行表示一个样方，每一列表示一个物种，表格中数字表示物种在样方中出现的个体数。注意：在 DPS 中的数据与 R 中的数据正好互为转置。

表 33-1　群落数据（R 格式）

项目	sp1	sp2	sp3	sp4	sp5	sp6	sp7	sp8	sp9	sp10	sp11	sp12	sp13
场地 1	26	6	3	12	8	12	0	1	7	1	0	0	1
场地 2	28	1	13	2	5	0	0	5	7	7	0	1	0
场地 3	39	14	5	0	14	4	5	1	0	0	0	0	0
场地 4	12	6	3	9	0	4	0	4	0	4	1	2	1
场地 5	35	6	0	18	0	4	2	0	0	3	0	0	0
场地 6	51	9	10	0	1	0	1	2	2	0	1	0	0
场地 7	27	12	10	3	10	3	4	0	0	0	2	0	0
场地 8	20	8	3	0	4	4	10	6	2	0	0	0	0

表 33-2　群落数据（DPS 格式）

项目	场地 1	场地 2	场地 3	场地 4	场地 5	场地 6	场地 7	场地 8
sp1	26	28	39	12	35	51	27	20
sp2	6	1	14	6	6	9	12	8
sp3	3	13	5	3	0	10	10	3
sp4	12	2	0	9	18	0	3	0
sp5	8	5	14	0	0	1	10	4
sp6	12	0	4	4	4	0	3	4
sp7	0	0	5	0	2	1	4	10
sp8	1	5	1	4	0	2	0	6
sp9	7	7	0	0	0	2	0	2
sp10	1	7	0	4	3	0	0	0
sp11	0	0	0	1	0	1	2	0
sp12	0	1	0	2	0	0	0	0
sp13	1	0	0	1	0	0	0	0

33.4.1　生态位宽度指数计算

（1）在 DPS 中计算生态位宽度指数

选取数据块，在菜单方式下依次选择"专业统计→群落参数估计→生态位宽度"。执行计算分析后，将输出如表 33-3 所示的生态位宽度指数。

表 33-3　生态位宽度指数

项目	Levins 指数	均匀度指数	Hurlbert 指数	Smith 指数
sp1	6.9696	0.9637	0.8712	0.9804
sp2	6.4769	0.9352	0.8096	0.9608
sp3	5.2231	0.9128	0.7462	0.9564
sp4	3.4630	0.8505	0.6926	0.9336
sp5	4.3447	0.8845	0.7241	0.9417
sp6	4.4305	0.9206	0.7384	0.9673
sp7	3.4607	0.8631	0.6921	0.9418
sp8	4.4498	0.8958	0.7416	0.9499
sp9	3.1039	0.8900	0.7760	0.9600
sp10	3.0275	0.8834	0.7569	0.9576
sp11	2.5193	0.9173	0.8398	0.9775
sp12	1.7446	0.8916	0.8723	0.9808
sp13	1.9490	0.9810	0.9745	0.9967

（2）在 R 中计算生态位宽度指数

读入数据并初步处理的命令如下：

```
setwd(choose.dir())
```

```
rm(list = ls())#rm 清空工作历史的所有变量;#ls()显示当前已有的所有变量
library(readr)
library(spaa)
spaa< - read_csv("spaa.csv")
data< - spaa[, -1]#分析时把第一列(site)去掉
head(data)
View(data)
```

计算 Levins 和 Shannon-Wiener 生态位宽度指数的命令如下：

```
niche.width(data,method = "levins")
niche.width(data,method = "shannon")
```

得到 Levins 和 Shannon-Wiener 生态位宽度指数结果如下：

```
> niche.width(data, method = "levins")
       sp1      sp2      sp3      sp4      sp5      sp6      sp7      sp8      sp9     sp10     sp11     sp12     sp13
1 6.969601 6.476894 5.223085 3.463039 4.344667 4.430471 3.460728 4.449799 3.103858 3.02749 2.519305 1.744575 1.948961
> niche.width(data, method = "shannon")
       sp1      sp2      sp3      sp4      sp5      sp6      sp7      sp8      sp9     sp10     sp11     sp12     sp13
1 2.003976 1.94466 1.776253 1.368882 1.584789 1.649535 1.389039 1.60508 1.233863 1.224677 1.007771 0.6180418 0.6799956
```

33.4.2　生态位重叠指数计算

（1）在 DPS 中计算生态位重叠指数

选区数据块，在菜单方式下依次选择"专业统计→群落参数估计→生态位重叠"。执行计算分析后，将输出 Pianka 测度（源于 MacArthur-Levins 的重叠度指数）、Renknen 百分率重叠测度、Morisita 相似性测度、Morisita-Horn 指数、Horn 重叠指数和 Hurlbert 指数等多个指数。现仅列出 Morisita 生态重叠指数矩阵，如表 33-4 所示。

表 33-4　Morisita 生态重叠指数矩阵

项目	sp1	sp2	sp3	sp4	sp5	sp6	sp7	sp8	sp9	sp10	sp11	sp12	sp13
sp1	1	0.887	0.812	0.519	0.697	0.597	0.556	0.568	0.527	0.451	0.430	0.196	0.223
sp2	0.887	1	0.689	0.467	0.824	0.668	0.718	0.511	0.308	0.254	0.575	0.210	0.299
sp3	0.812	0.689	1	0.248	0.678	0.364	0.416	0.651	0.646	0.588	0.585	0.342	0.189
sp4	0.519	0.467	0.248	1	0.283	0.762	0.182	0.283	0.406	0.566	0.270	0.363	0.590
sp5	0.697	0.824	0.678	0.283	1	0.657	0.641	0.400	0.471	0.249	0.422	0.090	0.210
sp6	0.597	0.668	0.364	0.762	0.657	1	0.443	0.422	0.597	0.327	0.271	0.228	0.645
sp7	0.556	0.718	0.416	0.182	0.641	0.443	1	0.578	0.173	0.064	0.333	0.000	0.000
sp8	0.568	0.511	0.651	0.283	0.400	0.422	0.578	1	0.600	0.651	0.259	0.590	0.416
sp9	0.527	0.308	0.646	0.406	0.471	0.597	0.173	0.600	1	0.643	0.068	0.261	0.391
sp10	0.451	0.254	0.588	0.566	0.249	0.327	0.064	0.651	0.643	1	0.177	0.695	0.415
sp11	0.430	0.575	0.585	0.270	0.422	0.271	0.333	0.259	0.068	0.177	1	0.377	0.338
sp12	0.196	0.210	0.342	0.363	0.090	0.228	0.000	0.590	0.261	0.695	0.377	1	0.739
sp13	0.223	0.299	0.189	0.590	0.210	0.645	0.000	0.416	0.391	0.415	0.338	0.739	1

（2）在 R 中计算生态位重叠指数

R 的 spaa 包在计算生态位重叠指数时，可输出 Levins 生态位重叠指数、Schoener 生态位重叠指数、Petraitis 特定重叠指数、Pianka 重叠指数、Czechanowski 重叠指数、简化的 Morisita

指数。对应的方法选项为"levins"、"schoener"、"petraitis"、"pianka"、"czech"和"morisita"。

　　计算各种生态位重叠指数的命令如下：

```
niche. overlap(data,method = "pianka")
niche. overlap(data,method = "morisita")
niche. overlap(data,method = "schoener")
niche. overlap(data,method = "czech")
niche. overlap(data,method = "levins")
niche. overlap(data,method = "petraitis")
```

　　由于各种生态位重叠指数的输出及其矩阵的表格较大、较多，在此仅示出 morisita 生态位重叠指数。

```
> niche.overlap(data, method = "morisita")
       sp1   sp2   sp3   sp4   sp5   sp6   sp7   sp8   sp9  sp10  sp11  sp12
sp2  0.887
sp3  0.812 0.689
sp4  0.519 0.467 0.248
sp5  0.697 0.824 0.678 0.283
sp6  0.597 0.668 0.364 0.762 0.657
sp7  0.556 0.718 0.416 0.182 0.641 0.443
sp8  0.568 0.511 0.651 0.282 0.400 0.422 0.578
sp9  0.527 0.308 0.646 0.406 0.471 0.597 0.173 0.600
sp10 0.451 0.254 0.588 0.566 0.249 0.327 0.064 0.651 0.643
sp11 0.430 0.575 0.585 0.270 0.422 0.270 0.333 0.259 0.068 0.177
sp12 0.196 0.210 0.342 0.363 0.090 0.228 0.000 0.590 0.261 0.695 0.377
sp13 0.223 0.299 0.189 0.590 0.210 0.645 0.000 0.416 0.391 0.415 0.338 0.739
```

　　（3）在 R 中计算两个物种之间的生态位重叠系数

　　需要运行 niche. overlap. pair()函数。调用方式为：

```
niche. overlap. pair(vectA, vectB, method = c ( "pianka","schoener","petraitis","czech","morisi-ta","levins"))
```

　　其中 vectA 和 vectB 分别为两个向量，表示在对应的群落中物种 A 和物种 B 的个体数，method 则需要选取"pianka"、"schoener"、"petraitis"、"czech"、"morisita"、"levins"中的任意一个。例如：

```
niche. overlap. pair(data $ sp1,data $ sp2,method = "morisita")
```

　　或者：

```
niche. overlap. pair(data $ sp3,data $ sp2,method = "pianka")
```

　　（4）在 R 中计算生态位重叠的置信区间

　　为估计两个物种之间的生态位重叠的置信区间，spaa 包提供了生态位重叠的自举分析 bootstrap 函数：niche. overlap. boot()。该函数各参数如下：

```
niche. overlap. boot. pair(vectorA,vectorB,method = c("levins","schoener","petraitis","pianka","czech","morisita"),times = 1000,quant = c(0.025,0.975))
```

　　其中 mat 为输入的物种分布矩阵。method 是要选择的方法，times 为 bootstrap 进行的次数，quant 为生态位重叠指数的分位数，默认为 0.025 和 0.975，即 95％置信区间。

　　在计算过程中，niche. overlap. boot() 会调用 niche. overlap. boot. pair()，先计算物种两两之间的生态位重叠置信区间。一般情况下，用户均无需调用 niche. overlap. boot. pair()。例如：

```
> niche.overlap.boot(data[,1:8], method = "morisita")
         Observed Boot mean Boot std Boot CI1 Boot CI2 times
sp1-sp2    0.89      0.89       0      0.89     0.89    999
sp1-sp3    0.81      0.81       0      0.81     0.81    999
sp1-sp4    0.52      0.52       0      0.52     0.52    999
sp1-sp5    0.70      0.70       0      0.70     0.70    999
sp1-sp6    0.60      0.60       0      0.60     0.60    999
sp1-sp7    0.56      0.56       0      0.56     0.56    999
sp1-sp8    0.57      0.57       0      0.57     0.57    999
sp2-sp3    0.69      0.69       0      0.69     0.69    999
sp2-sp4    0.47      0.47       0      0.47     0.47    999
sp2-sp5    0.82      0.82       0      0.82     0.82    999
sp2-sp6    0.67      0.67       0      0.67     0.67    999
sp2-sp7    0.72      0.72       0      0.72     0.72    999
sp2-sp8    0.51      0.51       0      0.51     0.51    999
sp3-sp4    0.25      0.25       0      0.25     0.25    999
sp3-sp5    0.68      0.68       0      0.68     0.68    999
sp3-sp6    0.36      0.36       0      0.36     0.36    999
sp3-sp7    0.42      0.42       0      0.42     0.42    999
sp3-sp8    0.65      0.65       0      0.65     0.65    999
sp4-sp5    0.28      0.28       0      0.28     0.28    999
sp4-sp6    0.76      0.76       0      0.76     0.76    999
sp4-sp7    0.18      0.18       0      0.18     0.18    999
sp4-sp8    0.28      0.28       0      0.28     0.28    999
sp5-sp6    0.66      0.66       0      0.66     0.66    999
sp5-sp7    0.64      0.64       0      0.64     0.64    999
sp5-sp8    0.40      0.40       0      0.40     0.40    999
sp6-sp7    0.44      0.44       0      0.44     0.44    999
sp6-sp8    0.42      0.42       0      0.42     0.42    999
sp7-sp8    0.58      0.58       0      0.58     0.58    999
```

（5）在 R 中利用 spaa 包画物种关联半矩阵图和物种关联网络图

就是利用前述计算生态位重叠指数时的输出矩阵作为绘图元素，再利用下述命令，即可画出（图 33-3）。

xxx<-niche. overlap(data, method = "morisita")

plotlowertri(xxx)

plotnetwork(xxx)

此为系统默认的输出，更详细的绘图参数（选项）可通过"??plotlowertri"以及"??plotnetwork"查阅帮助。

为了绘制比较漂亮的物种关联半矩阵图，也可在计算得到生态位重叠指数矩阵后，再利用 linkET 包的 qcorrplot 命令，例如：

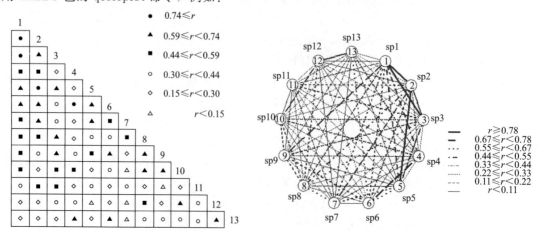

图 33-3　物种关联半矩阵图和物种关联网络图

xxx<-niche. overlap(data,method = "morisita")#把重叠指数矩阵存为 xxx

　然后，通过命令：

qcorrplot(correlate(xxx,method = "spearman"),type = "lower",diag = FALSE) +

geom_square() +

scale_fill_gradientn(colours = RColorBrewer::brewer. pal(11,"RdBu"))

　即可绘制得到如图 33-4 所示的物种关联半矩阵图。

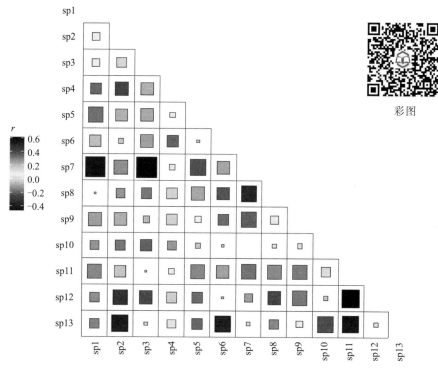

彩图

图 33-4　物种关联半矩阵图

　或者利用 Hmisc 包：

install. packages("Hmisc")

　再利用以下命令：

Hmisc::rcorr(data. matrix(xxx)) % > %

qcorrplot() +

geom_square() +

geom_mark(size = 2. 5) +

scale_fill_gradient2()

　可绘制得到如图 33-5 所示的物种关联矩阵图。

　或者利用 heatmap 包，通过以下命令：

xxx<-niche. overlap(data,method = "morisita")

x<-as. matrix(xxx)

rc<-rainbow(nrow(x),start = 0,end = . 3)

cc<-rainbow(ncol(x),start = 0,end = . 3)

hv<heatmap(x,col = cm. colors(256),scale = "column",RowSideColors = rc,ColSideColors = cc,mar-
gins = c(5,5),xlab = "Species",ylab = "Species",main = "HeatmapofindexofNicheOverlap")

　可绘制得到如图 33-6 所示的物种关联热图。

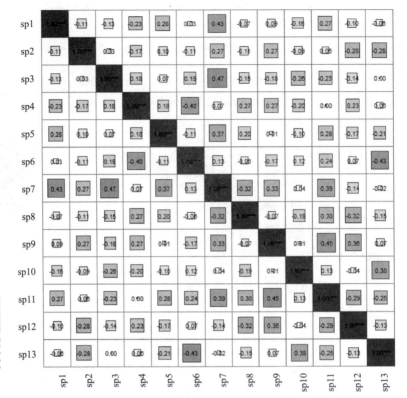

图 33-5　物种关联矩阵图

彩图

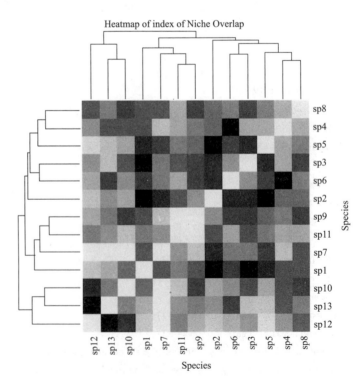

图 33-6　物种关联热图

或者利用 pheatmap 包：

```
install.packages("pheatmap")
library(pheatmap)
```

通过以下命令：

```
xxx<-niche.overlap(data,method = "morisita")
x<-as.matrix(xxx)
hv<-heatmap(x,scale = "none"
color = colorRampPalette(colors = c("blue","white","red"))(100),margins = c(5,5),xlab = "Spe-
cies",ylab = "Species",main = "Heatmap of index of Niche Overlap")
```

可绘制得到如图 33-7 所示的具有聚类功能的物种关联热图。

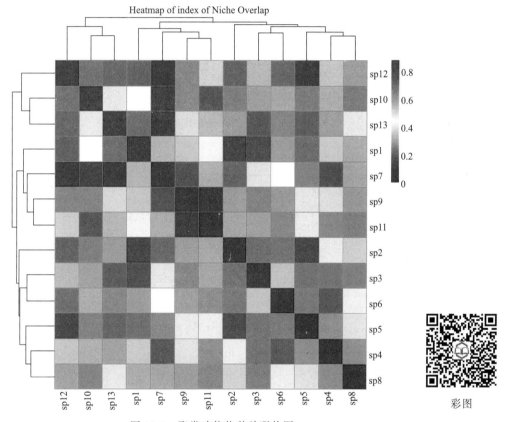

图 33-7　聚类功能物种关联热图

也可以通过 igraph 包画网络图。先安装并载入：

```
install.packages("igraph")
library(igraph)
```

先生成绘图需要的数据：

```
xxx<-niche.overlap(data,method = "morisita")
yyy<-as.matrix(xxx)
```

再通过以下命令语句：

```
g<graph.adjacency(adjmatrix = yyy,mode = "directed",weighted = TRUE,diag = FALSE)plot(g,
edge.label = round(E(g)$weight,3))
```

可绘制得到如图 33-8 所示的物种关联网络图。

171

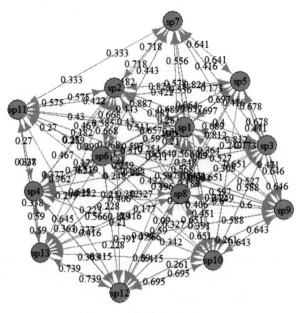

图 33-8　物种关联网络图

33.5　注意事项

（1）两个软件所能提供的生态位宽度指数和生态位重叠指数的种类不一样，其中 DPS 给出 Levins 指数、均匀度测度、HurlBert 指数和 Smith 指数；spaa 包只给出 Levins 指数和 Shannon-Wiener 信息指数。

（2）DPS 提供的生态位宽度指数之均匀度指数（J），实际上是由 Shannon-Wiener 指数转换而来的。

$$B_i = -\sum\nolimits_{j=1}^{r}(P_{ij}\ln P_{ij}) \tag{33-22}$$

$$J = B_i / \ln r \tag{33-23}$$

式中，r 为可能的资源状态总数。

（3）spaa 还能实现常见物种的筛选，以及对地理距离进行计算和转换，详见张金龙的微信。

（4）利用马寨璞（2020）所著《实用数量生态学》一书第四章中的 niche 函数、WangOverlap 函数和 nobp 函数所计算得到的生态位宽度指数和生态位重叠指数，与 DPS 以及 spaa 包的结果不太一致。

（5）DPS 计算得到的生态位 Smith 宽度指数，与 spaa 以及 Matlab 不一致，但后两者的结果相同。

33.6　思考题

（1）研究物种的生态位宽度和生态位重叠有何意义？

（2）根据实测的数据，或者模拟一套矩阵数据，计算相应的生态位宽度指数和生态位重叠指数。

（3）通过 R 相应包的拓展性练习，绘制其他形式多样的物种热图或网络图。

参考文献

[1]　Alan Hastings，Louis J Gross. Encyclopedia of Theoretical Ecology. London：University of California Press，2012.

[2]　Anne E Magurran. Merasuring Biological Diversity. Oxford：Blackwell Science Ltd.，2004.

[3]　Patten B C，Auble G T. Systems Approach to the Concept of Niche. Synthese，1980，43：155-181.

[4]　Charles J Krebs. Ecology：The Experimental Analysis of Distribution and Abundance (6th Edition). London：Pearson Education Limited，2014.

[5]　Colwell K Robert，Douglas J Futuyma. On the Measurement of Niche Breadth and Overlap. Ecology，1971，52 (4)：567-576.

[6]　David T Krohne. Ecology：Evolution，Application，Integration. New York：Oxford University Press，2016.

[7]　Eber M，Hoogma R，Lane B，et al. Experimenting with Sustainable Transport Innovations：A Workbook for Strategic Niche Management. Seville：CEC Joint Research Centre，1999：50.

[8]　Elton S Charles. Animal Ecology. Chicago & London：The University of Chicago Press，1927.

[9]　Eric P Smith. Niche Breadth，Resource Availability and Inference. Ecology，1982，63：1675-1681.

[10]　Grinnell Joseph. The Niche-Relationships of the California Thrasher. The Auk，1917，34 (4)：427-433.

[11]　Horn H. Measurement of Overlap in Comparative Ecological Studies. American Naturalist，1966，100：419-424.

[12]　Hurlbert H Stuart. Notes on the Measurement of Overlap. Ecology，1982，63 (1)：252-253.

[13]　Hurlbert H Stuart. The Measurement of Niche Overlap and Some Relatives. Ecology，1978，59：67-77.

[14]　Hutchinson G E. An Introduction to Population Ecology. New Haven：Yale University Press，1978.

[15]　Hutchinson G E. Concluding Remarks. Cold Spring Harbor Symposia on Quantitation Biology，1957，22：415-427.

[16]　Hutchinson G E. What is a Niche. An introduction to Population Ecology. London：Yale University Press，1978：152-219.

[17]　Johan Schot，Frank W Geels. Strategic Niche Management and Sustainable Innovation Journeys：Theory，Findings，Research Agenda，and Policy. Technology Analysis & Strategic Management，2008，20 (5)：537-554.

[18]　John Vandermeer. The Ecology of Agroecosystems. Sudbury：Jones and Bartlett Publishers，2011.

[19]　Jonathan M Chase，Mathew A Leibold. Ecological Niches：Linking Classical and Contemporary Approaches. Chicago：University of Chicago Press，2003.

[20]　Jonathan Roughgarden. Evolution of Niche Width. The American Naturalist，1972，106 (952)：683-718.

[21]　Krebs C J. Ecological Methodology (2nd Edition). Menlo Park：Addison-Wesley Educational Publishers，Inc.，1999.

[22]　Leibold M A. The Niche Concept Revisited：Mechanistic Models and Community Context. Ecology，1995，76 (5)：1371-1382.

[23] Levins R. Evolution in Changing Environments: Some Theoretical Exploration. Princeton: Princeton University Press, 1968.

[24] Linton Y Y, Lee A S, Curtis C. Discovery of a Third Member of the Maculipennis Group in SW England. Eur Mosq Bull, 2005, 19: 5-9.

[25] MacArthur H Robert, Levins Richard. The Limiting Similarity, Convergence, and Divergence of Coexisting Species. The American Naturalist, 1967, 101 (921): 377-385.

[26] Mathew A Leibold, Mark A McPeek. Coexistence of the Niche and Neutral Perspectives in Community Ecology. Ecology, 2006, 87 (6): 1399-1410.

[27] Matthew A Leibold. The Niche Concept Revisited: Mechanistic Models and Community Context. Ecology, 1995, 76 (5): 1371-1382.

[28] May M Robert, Angela R McLean. Theoretical Ecology: Principles and Applications (3rd Edition). Oxford: Oxford University Press, 2007.

[29] May M Robert, Robert H MacArthur. Niche Overlap as a Function of Environmental Variability. Proceedings of the National Academy of Sciences USA, 1972, 69 (5): 1109-1113.

[30] May M Robert. On the Theory of Niche Overlap. Theoretical Population Biology, 1974, 5 (3): 297-332.

[31] May M Robert. Theoretical Ecology. Principles and Application. London: Blackwell, 1981.

[32] Michael Begon, Colin R Townsend. Ecology: From Individuals to Ecosystems (5th Edition). New York: John Wiley & Sons Ltd, 2021.

[33] Miller G Tyler, Scott E Spoolman. Essentials of Ecology (5th Edition). Boston: Brooks/Cole, Cengage Learning, 2008.

[34] Morisita M. Measuring of Interspecific Association and Similarity Between Communities. Memo Faculty of Science, Kyushu University Serial E, 1959, 3: 64-80.

[35] Morisita M. Measuring of the Dispersion of Individuals and Analysis of the Distributional Patterns. Memo Faculty of Science, Kyushu University Serial E (Biology), 1959, 2: 215-235.

[36] Otso Ovaskainen, Henrik Johan de Knegt, Maria del Mar Delgado. Quantitative Ecology and Evolutionary Biology, Integrating Models with Data. Oxford: Oxford University Press, 2016.

[37] Pappas L Janice, Stoermer F Eugene. Fourier Shape Analysis and Fuzzy Measure Shape Group Differentiation of Great Lakes *Asterionella* Hassall (Heterokontophyta, Bacillariophyceae). In: 16th International Diatom Symposium. Athens: Ammrosiou Press, 2012: 485-501.

[38] Pappas L Janice, Stoermer F Eugene. Multivariate Measure of Niche Overlap Using Canonical Correspondence Analysis. Écoscience, 1997, 4 (2): 240-245.

[39] Paul S Giller. Community Structure and the Niche. London: Chapman and Hall Ltd., 1984.

[40] Peter Feinsinger, E Eugene Spears, Robert W Poole. A Simple Measure of Niche Breadth. Ecology, 1981, 62 (1): 27-32.

[41] Petraitis P S. Likelihood Measures of Niche Breadth and Overlap. Ecology, 1979, 60: 703-710.

[42] Pianka E R. The Structure of Lizard Communities. Annual Review of Ecology & Systematics, 1973, 4: 53-74.

[43] Renkonen O. Statish-okologische Untersuchungen Uber Die Terrestiche Kaferwelt der Finnischen Bruchmoore. Ann Zool Soc Bot Fenn Vanamo, 1938, 6: 1-231.

[44] Schoener T W. Resource Partitioning in Ecological Communities. Science, 1974, 185: 27-39.

[45] Shannon C E, Weiver W. The Mathematical Theory of Communication. Unknown Distance Function. Urbana: Illinois Press, 1949.

[46] Simpson H Edward. Measurement of Diversity. Nature, 1949, 163: 688.

[47]　Sven Erik Jørgensen，Brian D Fath，Steve Bartell，et al. Encyclopedia of Ecology（Five-Volume Sets，Volume 1-5）. Amsterdam：Elsevier B. V.，2008.

[48]　Whittaker Robert H. Communities and Ecosystems（2nd Edition）. New York ＆ London：Macmillan，1975.

[49]　Yu S X，Orlóci L. Index of Species Environmental Fitness：The Niche Breadth. Coenoses，1993，8（3）：159-164.

[50]　Yu S X，Orlóci L. Species Dispersions along Soil Gradients in a "Cryptocarya" Community，Dinghushan，South China. Coenoses，1989，4（1）：39-46.

[51]　陈波，周兴民. 三种嵩草群落中若干植物种的生态位宽度与重叠分析. 植物生态学报，1995，19（2）：158-169.

[52]　付必谦，张峰，高瑞如. 生态学实验原理与方法. 北京：科学出版社，2006.

[53]　郭水良，于晶，陈国奇. 生态学数据分析：方法、程序与软件. 北京：科学出版社，2015.

[54]　韩路，王海珍. 生态位理论的发展及其在农业生产中的应用. 新疆环境保护，1999，21（4）：10-15.

[55]　何雄波，李军，沈忱，等. 闽江口主要渔获鱼类的生态位宽度与重叠. 应用生态学报，2018，29（9）：3085-3092.

[56]　侯林，蔡含药，邹向阳. 大连石槽潮间带六种骨螺的生态位宽度和生态位重叠. 辽宁师范大学学报（自然科学版），1993，16（4）：324-328.

[57]　姜树珍，谢卓，董润兰，等. 山西五台县草地啮齿类动物空间生态位宽度及重叠度研究. 草原与草坪，2016，36（1）：72-77.

[58]　井光花，程积民，苏纪帅，等. 黄土区长期封育草地优势物种生态位宽度与生态位重叠对不同干扰的响应特征. 草业学报，2015，24（9）：43-52.

[59]　李德志，石强，臧润国，等. 物种或种群生态位宽度与生态位重叠的计测模型. 林业科学，2006，42（7）：95-103.

[60]　李丰刀女，朱金兆，朱清科. 生态位理论及其测度研究进展. 北京林业大学学报，2003，25（1）：100-107.

[61]　李光耀. 生态位理论及其应用前景综述. 安徽农学通报，2008，17（4）：43-45.

[62]　李显森，于振海，孙珊，等. 长江口及其毗邻海域鱼类群落优势种的生态位宽度与重叠. 应用生态学报，2013，24（8）：2353-2359.

[63]　林开敏，郭玉硕. 生态位理论及其应用研究进展. 福建林学院学报，2001，21（3）：283-287.

[64]　林伟强，贾小容，陈北光，等. 广州帽峰山次生林主要种群生态位宽度与重叠研究. 华南农业大学学报，2006，27（1）：84-87.

[65]　罗嘉文，张光宇，谭丹丹. 战略生态位管理过程研究现状综述. 广东工业大学学报（社会科学版），2013，13（2）：84-91.

[66]　马友平. 应用生态位进行森林资源评价. 林业科技，2000，25（3）：17-19.

[67]　马寨璞，刘桂霞. 实用数量生态学. 北京：科学出版社，2020.

[68]　马寨璞. MATLAB 语言编程. 北京：电子工业出版社，2017.

[69]　马寨璞. 高级生物统计学. 北京：科学出版社，2016.

[70]　覃林. 统计生态学. 北京：中国林业出版社，2009.

[71]　尚玉昌. 现代生态学中的生态位理论. 生态学进展，1988，5（2）：77-84.

[72]　唐启义. DPS 数据处理系统（第 3 卷，专业统计及其他）. 第 5 版. 北京：科学出版社，2020.

[73]　田大伦. 高级生态学. 北京：科学出版社，2007.

[74]　王刚. 植物群落中生态位重迭的计测. 植物生态学与地植物学丛刊，1984，8（4）：329-335.

[75]　王仁忠. 放牧影响下羊草地主要植物种群生态位宽度与生态位重叠的研究. 植物生态学报，1997，21（4）：304-311.

［76］ 王雨群，王晶，薛莹，等.黄河口水域主要鱼种的时空生态位宽度和重叠.中国水产科学，2019，26（5）：938-948.

［77］ 王子迎，吴芳芳，檀根甲.生态位理论及其在植物病害研究中的应用前景（综述）.安徽农业大学学报，2000，27（3）：250-253.

［78］ 魏文超，何友均，邹大林.澜沧江上游森林珍稀草本植物生态位研究.北京林业大学学报，2004，26（3）：7-12.

［79］ 余世孝，奥乐西 L.生态位分离的涵义与测度.植物生态学与地植物学学报，1993，17（3）：253-263.

［80］ 詹雪，张俊霞.国内旅游生态位研究综述.湖北农业科学，2020，59（9）：10-14，19.

［81］ Anne E Magurran.生物多样性测度.张峰，主译.北京：科学出版社，2011.

［82］ 张光明，谢寿昌.哀牢山木果石栎群落优势种的生态位宽度与重叠.云南植物研究，2000，22（4）：431-446.

［83］ 张光明，谢寿昌.生态位概念演变与展望.生态学杂志，1997，16（6）：46-51.

［84］ 张光宇，张玉磊，谢卫红，等.技术生态位理论综述.工业工程，2011，14（4）：11-16.

［85］ 张金龙，马克平.种间联结和生态位重叠的计算：spaa 程序包//马克平.中国生物多样性保护与研究进展.北京：气象出版社，2014：165-174.

［86］ 张金屯.数量生态学.第 3 版.北京：科学出版社，2018.

［87］ 张文军.生态学研究方法.广州：中山大学出版社，2007.

实验三十四
植物群落的排序

34.1 实验目的

（1）了解植物生态群落排序的概念、意义及常用的排序方法；
（2）掌握1~2种植物排序方法的软件实现过程；
（3）对排序结果进行正确的解读。

34.2 实验原理

　　群落是相同时间、同一区域或环境内各种生物种群的有规律聚集体。组成群落的植物、动物和微生物之间以及它们与环境之间彼此影响、相互作用，构成了一个生态系统中最具活力的部分。群落不但具有一定形态与营养结构、边界特征与分布范围，而且是生态系统中物质循环和能量转化的重要参与者与执行者。

　　为理解和揭示植物群落的特征与发展规律，除了要研究"种-面积"关系、种的多度格局、物种多样性、种间亲和性、生态位、群落分类外，还应就植物群落的结构、组成、分布、功能、演替及与之所处环境因子之间的相互关系加以阐明，而这需要通过近代群落生态学研究中常采用的排序方法来实现。

　　群落排序（Ordination）是将所调查的植物群落样地（称为"实体"）作为点，在以群落组成特征或环境因子等变量（称为"属性"）为坐标轴所构建的一维或多维空间中，按各个实体的属性的相似性大小来排定其位序并加以比较分析，借此表征群落的环境梯度和结构梯度的空间变异特点，反映物种、群落与环境要素之间的生态关系，发现群落对环境的适应与反馈能力，解释隐藏于复杂群落数据中的生态规律。正因为如此，作为一种重要的数量生态学研究方法与技术，排序不但可被广泛应用于山地森林、草地、湿地、湖泊、浮游植物甚至是底栖动物和鱼类等群落的研究中，而且可为植被恢复、更新、管理、保护和生物多样性的保育提供科学依据。

　　按属性变量的不同，群落排序分直接排序和间接排序两大类。其中，以环境变量为坐标轴的排序称为直接排序（Direct Ordination），又称直接梯度分析（Direct Gradian Analysis），即以植物群落生境或其中某一生态因子的变化，排定样地生境的位序。这类排序的结果主要用以表征环境梯度对植物群落组成的影响。另一类排序则是以植物群落本身的物种组成等属性为坐标轴排定群落位序，其结果所反映的是植物群落在相似性基础上的空间排列，故称为间接排序（Indirect Ordination），又称间接梯度分析（Indirec Gradient Analysis）或组成分析（Composition Aanalysis）。如果既用物种组成的数据，又用环境变量的数据去排序一组群落，则从二者的变化趋势可以分析植物群落与环境因素之间的关系，揭示生态规律。

间接梯度分析和直接梯度分析的目的和方法有所不同。间接梯度分析完成后，研究者尚需通过分析以找出排序轴的生态意义，再用其解释群落或物种在排序图上的分布；而直接梯度分析由于使用了环境因子组成数据，排序轴的生态意义往往一目了然，在结果解释上也相对容易。

排序的结果一般用直观的排序图表示，但由于排序图通常最多只能表现三维坐标，因此排序的一个重要内容就是要降低维数，以减少坐标轴的数目，而这往往会损失信息。一个好的排序方法应该是将维数降低引起的信息损失最小化（畸变最小），达到尽管排序轴维数较低却同样能包含大量生态信息的目的。在研究中最常用的是二维排序图和三维排序图，前者采用由前两个排序轴组成的平面图（样方就是分布在平面上的点）；后者则采用由前三个排序轴绘成的三维坐标图。

到目前为止，数量生态学研究者业已建立了许多排序方法，包括加权平均排序（Weighted Average Ordination，WAO）、极点排序（Polar Ordination，PO）、梯度分析（Gradient Analysis，GA）、主分量分析（Principal Component Analysis，PCA）、典范主分量分析（Canonical Principal Component Analysis，CPCA）、主坐标分析（Principal Coordinates Analysis，PCoA；或 Principal Axes Analysis，PAA）、对应分析（Correspondence Analysis，CA）、除趋势对应分析（Detrended Correspondence Analysis，DCA）、典范对应分析（Canonical Correspondence Analysis，CCA）、除趋势典范对应分析（Detrended Canonical Correspondence Analysis，DCCA）、典范相关分析（Canonical Correlation Analysis，CCoA）、多维尺度排序（Multi-Dimensional Scaling，MDS）、模糊集排序（Fuzzy Set Ordination，FSO）等，读者可进一步参阅文献马寨璞（2020）。

本实验主要通过 PCA 和 CCA 两种排序方法的 R 软件实现过程，以帮助学生正确理解和掌握植物生态群落排序的概念、意义、操作方法及结果解读等技能。

34.3　实验步骤

34.3.1　R 软件及 vegan 包的下载与安装

可以进行群落排序的软件有许多，如 CANOCO（4.5 或 5.12 版）和 TWINSPAN 2.3（Two-way Indicator Species Analysis）等。本实验将利用 R 软件及其 vegan 宏包。vegan 是 vegetation analysis 的缩写，是专门用于群落生态学数据分析的 R 语言包（Package），由芬兰 Oulu 大学生物系 Oksanen 教授等多位数量生态学研究人员编写并贡献给 R 用户无偿使用。vegan 包提供了各种群落生态学分析工具，包括常用的排序方法（PCA，CA，DCA，RDA，CCA 和 NMDS）。现在，升级了的 vegan 包几乎包罗了所有群落和植被分析中的一般应用方法，其所含的一些多元分析工具同样也适用于其他领域的数据分析。

R 软件可从国内镜像网站下载，而 vegan 宏包既可以通过在控制台输入命令 install. packages("vegan")在线安装，也可以下载到本地，再进行安装。若想更改 R 软件的界面语言以及控制台的字体类型及其大小，请自行上网搜索。

打开 R 软件，输入命令 library("vegan")将 vegan 宏包载入后，即可进行下列相关排序分析。

34.3.2　植物群落的主分量分析

主分量分析也叫主成分分析，是第一个完全基于植被结构或组成数据之上而无需要考虑环境梯度、主观选择端点和权重的排序方法，是首次在低维空间排列样方而包含了大多数数据信息的多元排序方法，在排序方法的发展过程中有着重要地位。

主分量分析通过正交变换将一组可能存在相关性的变量转换为一组线性不相关的变量（转换后的这组变量叫主分量），由此实现将高维的数据映射到低维的空间中（达到对原始特征进行降维的目的），并期望在所投影的维度上数据的信息量最大（方差最大）。也就是尽可能将原始数据的特征往具有最大投影信息量的维度上进行投影（降维后信息量损失最小），以此使用较少的数据维度，同时保留住较多的原数据点特性。

PCA 的最大缺点是它的线性模型，一般认为线性模型不能很好地反映植物群落与环境间的关系，因此其结果的解释较为困难而且带有较大的主观性。

实验步骤：参考附录，输入代码，得到分析结果和图形，再正确解读。具体可参考中国科学院植物研究所赖江山研究员的博客。

34.3.3　植物群落的典范对应分析

典范对应分析时需要同时使用植被数据矩阵和环境数据矩阵。由于其分析过程中利用了环境数据矩阵中的多个环境因子，因此其排序结果可以更好地反映植物群落与环境要素间的关系。在植物种类和环境因子不是特别多的情况下，典范对应分析可将样方、种类及环境因子的排序结果表示在一个图上，可以直观地看出种类分布、群落分布与环境因素之间的关系。

典范对应分析的排序结果往往以双序图（Biplot）的形式来表现。在双序图中，环境因子一般用箭头表示，箭头所处的象限表示环境因子与排序轴间的正负相关性，箭头连线的长度代表着某个环境因子与群落分布和种类分布间相关程度的大小，连线越长，说明相关性越大，反之越小。箭头连线和排序轴的夹角代表着某个环境因子与排序轴的相关性大小，夹角越小，相关性越高；反之越低。在数据较多的情况下，种类和样方可以分别绘图。

实验步骤：参考附录，输入代码，得到分析结果和图形，再正确解读。具体可参考中国科学院植物研究所赖江山研究员的博客。

34.4　思考题

请参考 vegan 的说明，尝试做以下排序分析：对应分析（Correspondence Analysis，CA）；典范主成分分析（Canonical Principle Component Analysis，CPCA）；主坐标分析（Principle Coordinates Analysis，PCoA）；对应分析（Correspondence Analysis，CA）；除趋势对应分析（Detrended Correspondence Analysis，DCA）；除趋势典范对应分析（Detrended Canonical Correspondence Analysis，DCCA）；典范相关分析（Canonical Correlation Analysis，CCoA）；多维尺度排序（Multi-Dimensional Scaling，MDS）；冗余分析（Redundancy Analysis，RDA）和非度量多维尺度分析（Non-metric Multi-Dimensional Scaling，NMDS）等。

参考文献

[1] Daniel Borcard，François Gillet，Pierre Legendre. Numerical Ecology with R. Springer Science＋Business Media，LLC，2011.

[2] Petr Šmilauer，Jan Lepš. Multivariate Analysis of Ecological Data using CANOCO 5（2nd Edition）. Cambridge：Cambridge University Press，2014.

[3] 曹文梅，刘小燕，王冠丽，等.科尔沁沙地自然植被与生境因子的 MRT 分类及 DCCA 分析.生态学杂志，2017，36（2）：318-327.

[4] 董倩，李素清.安太堡露天煤矿区复垦地不同植被下草本植物群落生态关系研究.中国农学通报，2018，34（4）：95-100.

[5] 段晓梅，白玉芳，张钦弟，等.山西太岳山脱皮榆群落的生态梯度分析及环境解释.植物学报，2016，51（1）：40-48.

[6] 范迎新.胶南大珠山森林群落分类、排序及主要树种生态位研究.济南：山东师范大学，2008.

[7] 高峰，尹洪斌，胡维平，等.巢湖流域春季大型底栖动物群落生态特征及与环境因子关系.应用生态学报，2010，21（8）：2132-2139.

[8] 桂东伟，雷加强，曾凡江，等.中昆仑山北坡策勒河流域生态因素对植物群落的影响.草业学报，2010，19（3）：38-46.

[9] 郭水良，于晶，陈国奇.生态学数据分析：方法、程序与软件.北京：科学出版社，2015.

[10] 韩华.崇明滩涂湿地不同水盐梯度下植物群落碳氮磷生态化学计量学特征.上海：华东师范大学，2014.

[11] 贾希洋，马红彬，周瑶，等.不同生态恢复措施下宁夏黄土丘陵区典型草原植物群落数量分类和演替.草业学报，2018，27（2）：15-25.

[12] 简敏菲，刘琪璟，梁跃龙，等.江西九连山常绿阔叶林群落的排序与生态梯度分析.资源科学，2010，32（7）：1308-1314.

[13] 焦磊.中条山麻栎群落数量生态研究.太原：山西大学，2011.

[14] 金岚，王振堂，朱秀丽，等.环境生态学.北京：高等教育出版社，1992.

[15] Daniel Borcard，Franqois Gillet，Pierre Legendre. 数量生态学——R 语言的应用.赖江山，译.北京：高等教育出版社，2014.

[16] 李国庆，王孝安，郭华，等.陕西子午岭生态因素对植物群落的影响.生态学报，2008，28（6）：2463-2471.

[17] 李国庆.黄土高原马栏林区植物群落生态梯度分析.西安：陕西师范大学，2008.

[18] 李晋鹏，郭东罡，张秋华，等.山西吕梁山南段植物群落的生态梯度.生态学杂志，2008，27（11）：1841-1846.

[19] 李瑞，张克斌，刘云芳，等.西北半干旱区湿地生态系统植物群落空间分布特征研究.北京林业大学学报，2008，30（1）：6-13.

[20] 李圣法.东海大陆架鱼类群落生态学研究-空间格局及其多样性.上海：华东师范大学，2005.

[21] 李瑶，蔡如月，郭英英，等.山楂园草本植物群落数量生态关系研究.中国农学通报，2019，35（34）：82-88.

[22] 马寨璞，刘桂霞.实用数量生态学.北京：科学出版社，2020.

[23] 平凡，郭逍宇，徐建英，等.基于数量分类与排序的雾灵山亚高山草甸群落生态关系分析.首都师范大学学报（自然科学版），2014，35（6）：56-63.

[24] 乔利鹏.山西关帝山撂荒地植物群落生态关系数量分析.太原：山西大学，2007.

[25] 覃林.统计生态学.北京：中国林业出版社，2009.

［26］ 邱扬，张金屯.DCCA 排序轴分类及其在关帝山八水沟植物群落生态梯度分析中的应用.生态学报，2000，20（2）：199-206.

［27］ 曲广鹏，参木友，赵景学，等.念青唐古拉山东南坡植被群落数量生态分析及群落多样性.生态环境学报，2015，24（10）：1618-1624.

［28］ 隋珍，常禹，李月辉，等.牛蒡群落分布、物种组成与生态环境因子的关系.生态学杂志，2010，29（2）：215-220.

［29］ 孙儒泳，李博，诸葛阳，等.普通生态学.北京：高等教育出版社，1993.

［30］ 王璠.山西文峪河国家湿地公园种子植物区系和植物群落分类排序.山西农业大学，2018.

［31］ 王鑫，刘钦，黄琴，等.崖柏群落优势种生态位及 CCA 排序分析.北京林业大学学报，2017，39（8）：60-67.

［32］ 邬红娟，任江红，卢媛媛.武汉市湖泊浮游植物群落排序及水质生态评价.湖泊科学，2007，19（1）：87-91.

［33］ 邬建国.景观生态学——格局、过程、尺度与等级.北京：高等教育出版社，2000.

［34］ 吴人坚，朱德明，马建国，等.图解现代生态学入门.上海：上海科学普及出版社，2005.

［35］ 徐凤洁.淀山湖浮游植物群落主要优势种生态特征分析.上海：华东师范大学，2014.

［36］ 冶民生，关文彬，白占雄，等.岷江干旱河谷植物群落生态梯度分析.中国水土保持科学，2005，3（2）：70-75.

［37］ 张金屯.数量生态学.第 3 版.北京：科学出版社，2018.

［38］ 张庆，牛建明，Buyantukev Alexander，等.内蒙古短花针茅群落数量分类及环境解释.草业学报，2012，21（1）：83-92.

［39］ 张文军.生态学研究方法.广州：中山大学出版社，2007.

［40］ 赵志模，郭依泉.群落生态学原理与方法.重庆：科学技术文献出版社重庆分社，1990.

［41］ 郑超超.江山市公益林群落结构特征、种间关系及其影响因素研究.杭州：浙江农林大学，2014.

［42］ 周东兴，李淑敏，张迪.生态学研究方法及应用.哈尔滨：黑龙江人民出版社，2009.

［43］ 朱美玲.塔里木河上游荒漠植物群落生态化学计量特征研究.乌鲁木齐：新疆大学，2016.

［44］ 朱源，邱扬，傅伯杰，等.河北坝上草原东沟植物群落生态梯度的数量分析.应用生态学报，2004，15（5）：799-802.

实验三十五
生命表及生殖力表的编制

35.1　实验目的

掌握自然种群生命表的组建方法，学习种群趋势指数（各发育阶段存活率、性比、生殖量等的乘积）统计与组分分析技术，从而揭示各组分的相对重要性，找出影响种群数量的关键因子。

35.2　实验原理

生命表是描述种群死亡过程及存活情况的一种有用工具，它包括了各年龄组的实际死亡数、死亡率、存活数及平均期望年龄值等。也可以利用生命表中的数据，描绘存活曲线图加以说明，并可计算反映种群增长的相应统计参数，如世代历期 T、周限增长率 R_0、内禀增长率 r_m 等。在适当的实验安排下，还可计算影响种群的关键因子 K_x。生命表见表 35-1。

表 35-1　生命及生殖力原始记录表

x_d	n_x	d_x	n_{mx}	l_x	q_x	L_x	T_x	e_x	m_x	$l_x m_x$	$x l_x m_x$	v_x
1												
2												
3												
…												
…												
…												
求和												

表 35-1 中，x_d 为年龄；n_x 为各年龄开始的存活数目；$n_{x+1} = n_x - d_x$，为在 x 期开始时的存活数目；d_x 为各年龄死亡个体数；$d_x = n_x - n_{x+1}$，为从 x 到 $x+1$ 期的死亡数目；l_x 为存活分数；$l_x = n_x/n_0$；q_x 为各年龄死亡率，$q_x = d_x/n_x$；L_x 为每个年龄期的平均存活数，$L_x = (n_x + n_{x+1})/2$；T_x 为 x 年龄的全部个体的剩余寿命之和，$T_x = \sum_{x}^{\infty} L_x$；$e_x$ 为生命期望平均余年（平均生命期望），$e_x = T_x/n_x$；m_x 为每雌产雌率，$m_x = n_{mx}/n_x$，其中 n_{mx} 为当天新生小蚤数；v_x 为生殖价，表征某一年龄的雌体对未来种群的增长可能做出的贡献，$v_x = \sum_{t=x}^{w} (l_t/l_x)m_t$，指 x 到 $x+1$ 期个体未来产仔数的期望值，t 为其 x 龄（包括 x 龄）以后的各年龄，w 表示最后一次产仔的年龄。

35.3　实验器材

（1）大型蚤（图 35-1）。大型蚤在条件适宜时，为孤雌生殖。选用大型蚤为实验材料，在生殖力表的绘制过程中，求 m_x 时不必分辨雄雌，便于实验操作。大型蚤生命力强，繁殖力强，广泛分布于各种水域，易于培养，是很好的实验材料。

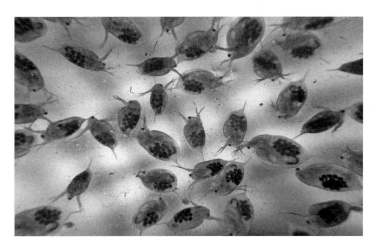

图 35-1　大型蚤

（2）50mL 小烧杯 4 只。
（3）平底玻璃皿 1 只。
（4）胶头吸管 1 只。
（5）栅藻培养液若干。

35.4　实验步骤

（1）每人取一只 50mL 烧杯，加入 20mL 栅藻培养液，再移入 4～8 只成年雌蚤，24h 后，杯中会有新生的小蚤，弃去大蚤（转移回原始的水族缸内）。准备三只 50mL 烧杯，各加入 20mL 栅藻培养液，再各移入新生小蚤 3 只。之后，每 24h 定时观察一次，记录大型蚤的死亡数及新生小蚤数，记入原始记录表中，同时弃去新生小蚤（转移回原始的水族缸内）。每 2 天换一次栅藻培养液。实验进行至烧杯中原有的大型蚤全部死亡为止，总共约持续 60 天。对于时间间隔，要求为 $x_d=1$，必要时可以改为 $x_d=2$ 或 3，此时应将观察时间相应延长为 48h 或 72h。

（2）整理实验数据，填入原始记录表中（x_d、n_x、d_x、m_x），计算出种群各时期的生命期望 m_x、生殖价 v_x；并计算种群的世代历期 T〔即一个世代（由亲代到子代出生）平均经历的时间〕、周限增长率 $R_0 = \sum(l_x m_x)$、内禀增长率 $r_m = \ln R_0 / T$（即种群的最大瞬时增长率，也可以用坐标纸以直线内插法求得，计算公式为 $T = \sum(x l_x m_x) / \sum(l_x m_x)$。

（3）画出种群的存活曲线，分析其存活曲线的类型。

35.5 讨论

（1）本实验所绘生命表是静态生命表还是动态生命表？如果用另一种生命表的实验方式，该实验步骤该如何设计？与本实验相比各有何优劣点？

（2）如何设计实验，才可以计算出种群的关键因子 K_x？应如何计算？如果做了相应的记录，请做出分析。

35.6 实验报告

（1）实验名称
（2）实验日期
（3）指导教师
（4）学生姓名
（5）原始记录

参考文献

［1］ 北京师范大学，华东师范大学.动物生态学实验指导.北京：高等教育出版社，1983.

［2］ 吴千红，邵则信，苏德明.昆虫生态学实验.上海：复旦大学出版社，1991.

［3］ 章家恩.生态学常用实验研究方法与技术.北京：化学工业出版社，2007.

［4］ 张文军.生态学研究方法.广州：中山大学出版社，2007.

实验三十六
果蝇发育与温度的定量关系

36.1　实验目的

（1）学习测定生物发育与温度之间定量关系的方法；
（2）验证和加深理解生物发育的有效积温法则。

36.2　实验原理

　　果蝇（*Drasophila melanogaster*）是双翅目昆虫，它的生活史从受精卵开始，经过幼虫、蛹、成虫阶段，是一个完全变态的过程。果蝇体型小，在培养瓶内易于人工饲养。其繁殖力很强，在适宜的温度和营养条件下，每只受精的雌果蝇可产卵 400～500 个，每两个星期就可完成一个世代，因而在短期内就可以观察到实验结果。此外，由于具有突变类型众多、性状表现丰富、遗传特征易于诱变分析等特点，果蝇已经成为生物学、生态学、遗传学等研究领域中的模式生物（图 36-1）。

图 36-1　果蝇

　　有效积温法则是指昆虫完成某一发育阶段所需要的总热量为一常数。通常，生物发育需要的有效积温（Effective Sum of Heat）为每日平均温度减去发育起点温度后的累加值。关于发育起点温度和有效积温，可分别用公式表示如下：

$$C = \frac{\sum_{i=1}^{n}(TN^2) - \bar{N}\sum_{i=1}^{n}(TN)}{\sum_{i=1}^{n}N^2 - n\bar{N}^2} \qquad (36\text{-}1)$$

$$K = \frac{1}{n}\sum_{i=1}^{n}N(T-C) \qquad (36\text{-}2)$$

式中，K 为有效积温，d·℃；N 和 $\bar{N}$ 分别为实验温度 T 下的发育历期和平均发育历期，d；T 为每日平均温度，℃；C 为发育起点温度（Threshold of Development），又称生物学零度（Biological Zero），℃；n 为每组的样本数；T 为实验设定的温度，℃。

36.3　实验器材

恒温培养箱、烘箱、双筒解剖镜、双目显微镜、放大镜、温度计、培养瓶、麻醉瓶、白瓷板、载玻片、盖玻片、毛笔、白板纸、滤纸等；乙醚、玉米粉、糖、酵母粉、丙酸、琼脂等；野生型及不同突变型果蝇。

36.4　实验步骤

36.4.1　果蝇生活史观察

（1）卵

成熟的雌蝇在交尾后（2～3 天）将卵产在培养基的表层。用解剖针的针尖在果蝇培养瓶内沿着培养基表面挑取一点培养基置于载玻片上，滴上一滴清水，用解剖针将培养基展开后放在显微镜的低倍镜下仔细进行观察。果蝇的卵呈椭圆形，长约 0.5mm，腹面稍扁平，前端伸出的触丝可使其附着在培养基表层而不至于深陷其中。

（2）幼虫

果蝇的受精卵经过 1 天的发育即可孵化为幼虫。果蝇的幼虫从一龄幼虫开始经两次蜕皮，形成二龄和三龄幼虫。随着发育个体不断长大，三龄幼虫往往爬到瓶壁上化蛹，其长度可达 4～5mm。幼虫一端稍尖，为头部，黑点处为口器。幼虫可在培养基表面和瓶壁上蠕动爬行。

（3）蛹

幼虫经过 4～5 天的发育开始化蛹。一般附着在瓶壁上，颜色淡黄。随着发育的继续，蛹的颜色逐渐加深，最后呈深褐色。在瓶壁上看到的几乎透明的蛹壳即是蛹羽化后遗留下的。

（4）成虫

刚羽化出的果蝇虫体较长，翅膀也没有完全展开，体表未完全几丁质化，所以呈半透明乳白色。随着发育，身体颜色加深，体表完全几丁质化。羽化出的果蝇在 8～12h 后开始交配，成体果蝇在 25℃ 条件下的寿命约为 37 天。

38.4.2　配制培养基

培养果蝇用的容器可以是粗指管或广口瓶，这些容器及其棉塞均需在实验前进行高温灭菌才能使用。可以按如下成分进行培养基配制：100g 培养基含玉米粉 9g，白糖 6g，琼脂 0.67g，酵母 0.7g，丙酸 0.5mL，水 93mL。

38.4.3　恒温培养箱的温度设定及果蝇的培养

准备 6 个人工气候箱（或恒温培养箱），设定每个培养箱的温度使它们形成温度梯度（15℃、18℃、21℃、24℃、27℃ 和 30℃）。向装有新鲜配制的培养基的瓶内转接入相同对数的成蝇（5 对），放置在不同温度的恒温培养箱内培养，每天 2 次（上午和下午各 1 次）观察记录果蝇的发育进程，统计不同温度下果蝇的发育历期，记入表 36-1。

表 36-1　不同温度下果蝇的发育历期

虫态	发育历期/天					
	15℃	18℃	21℃	24℃	27℃	30℃
一龄幼虫						
二龄幼虫						
三龄幼虫						
蛹						
成蝇						

36.5　注意事项

（1）分装培养基时不要把培养基倒在瓶壁上。万一倒上了，要用酒精药棉擦掉。刚配制完的培养基在放凉后瓶壁上会有水滴，放置 2～3 天，待水分蒸发后即可使用。如急用，可用酒精药棉将瓶壁上的水分擦掉。

（2）待培养箱的温度恒定后才能开始实验。

（3）所用培养箱最好是玻璃门的，可以隔玻璃门观察，以免影响培养箱内的温度恒定。

36.6　讨论

（1）你所观察的不同类型的果蝇在整个生活史历期上有什么差异？你对果蝇有哪些新了解？

（2）计算果蝇各虫态的平均发育历期、发育起点温度和发育有效总积温。

（3）绘制果蝇各虫态平均发育历期与温度的关系曲线，可以得出哪些结论？

（4）建立发育速率（V）（为发育历期的倒数，$1/N$，单位：d^{-1}）与温度的关系模型。

参考文献

[1]　付荣恕，刘林德.生态学实验教程.第 2 版.北京：科学出版社，2010.

[2]　贾志怡，陈聪，马宇萱，等.温度对香樟齿喙象生长发育的影响.南京林业大学学报（自然科学版），2020，44（4）：131-136.

[3]　李灿.两种模型拟合药材甲幼虫生长发育与环境温度的关系.天津农业科学，2012，18（1）：93-95.

［4］ 李典谟.系统分析与害虫综合治理.昆虫知识,1986,22(4):193-196.

［5］ 李典谟,王莽莽.快速估计发育起点及有效积温法的研究.昆虫知识,1987,23(4):184-187.

［6］ 李栋,李晓维,马琳,等.温度对番茄潜叶蛾生长发育和繁殖的影响.昆虫学报,2019,62(12):1417-1426.

［7］ 刘树生.昆虫发育速率与温度的关系研究.科技通报,1986,2(5):25-27.

［8］ 王文彬.动物生物学实验.武汉:华中科技大学出版社,2015.

［9］ 魏吉利,潘雪红,黄诚华.温度对甘蔗条螟生长发育和繁殖的影响.植物保护学报,2019,46(6):1277-1283.

［10］ 吴千红,邵则信,苏德明.昆虫生态学实验.上海:复旦大学出版社,1991.

［11］ 赵琳超,廖用信,陈壮美,等.不同温度对草地贪夜蛾幼虫和蛹生长发育的影响.湖南师范大学自然科学学报,2020,43(1):41-47.